农业甲烷100问

秦 虎 高 霁 郭李萍 张晓楠 董利锋 等/编

中国环境出版集团·北京

图书在版编目（CIP）数据

农业甲烷100问 / 秦虎等编. -- 北京 : 中国环境出版集团，2023.9

ISBN 978-7-5111-5623-5

Ⅰ. ①农… Ⅱ. ①秦… Ⅲ. ①农业生产－甲烷－释放－问题解答 Ⅳ. ①X710.17-44

中国国家版本馆CIP数据核字(2023)第182968号

出 版 人 武德凯
责任编辑 黄 颖
装帧设计 宋 瑞

出版发行 中国环境出版集团
（100062 北京市东城区广渠门内大街 16 号）
网 址：http://www.cesp.com.cn
电子邮箱：bjgl@cesp.com.cn
联系电话：010-67112765（编辑管理部）
发行热线：010-67125803，010-67113405（传真）
印 刷 玖龙（天津）印刷有限公司
经 销 各地新华书店
版 次 2023 年 9 月第 1 版
印 次 2023 年 9 月第 1 次印刷
开 本 787×1092 1/32
印 张 3.5
字 数 75 千字
定 价 20.00 元

前言

气候变暖已成为全球共识，全球正在积极应对气候变暖、履行《巴黎协定》。甲烷作为仅次于二氧化碳的第二大温室气体，在 20 年和 100 年的时间尺度内，其全球增温潜势分别是二氧化碳的 79.7 倍和 27 倍。联合国政府间气候变化专门委员会（IPCC）的估算表明，近 10 年间，甲烷对气候变暖的贡献高达 40%。因此，作为一种短寿命的温室气体，甲烷减排对改善近期气候变暖有显著作用。

从全球范围来看，欧盟于 2020 年 11 月公布了“欧盟甲烷减排战略”，拟在未来 30 年降低 50% 的甲烷排放，为全球 2050 年前温升降低 0.18℃作出贡献。在 2021 年 11 月于英国格拉斯哥召开《联合国气候变化框架公约》第二十六次缔约方大会（COP26）期间，美国、欧盟在内的 105 个国家共同签署了“全球甲烷承诺”，参与承诺的各方一致同意采取自愿减排甲烷的行动。在《中美关于在 21 世纪 20 年代强化气候行动的格拉斯哥联合宣言》中，中美两国均认识到加大行动控制和减少甲烷排放是21世纪20年代必须开展的事项。中国政府在应对气候变化和国家自主贡献方面都已做出了积极承诺，并且在一系列国家政策及规划方面有所体现，其中甲烷减排也在其列。

根据2021年10月26日联合国环境规划署发布的《2021年排放差距报告：热火朝天》，人类活动排放的甲烷占大气中甲烷总量的60%左右，近些年约为3.65亿t。在大气甲烷的人为排放源中，与化石燃料有关的开采活动贡献了35%（其中1/3来自煤矿开采，2/3来自天然气开采和生产），另外40%来自农业生产（其中3/4来自牲畜肠道发酵和粪便管理，1/4来自水稻种植），可见农业生产活动对大气甲烷的贡献之大。

农业生产的主要目标是满足全球人口所需的食物，其活动产生的排放属于生存性排放。然而，种植和养殖活动依然能够通过改进和提升管理水平，尽可能采用环境友好技术，最大限度地减少甲烷和其他温室气体的排放，为减缓气候变暖作出贡献。中国政府一直积极应对气候变化，2022年7月，农业农村部和国家发展改革委联合印发了《农业农村减排固碳实施方案》，提出了针对农业领域种植和养殖系统的六大任务和十大行动，其中稻田甲烷减排和畜禽养殖低碳减排为六大任务中的两大任务。

基于应对气候变化和甲烷行动的国际背景和国家行动，本书以问答的形式将农业源甲烷排放相关的国际背景及科学估算和生产中一些备受关注的相关原理和技术进行简明扼要的阐述，以帮助本书读者快速了解农业领域甲烷相关的国际国内背景和主要的科学监测、估算，以及相关的减排技术和政策。本书内容包括以下四个方面：（1）农业源甲烷排放及其减排的重要性；（2）农业源甲烷排放的特征及核算；（3）农业生产活动甲烷减排技术；（4）农业领域甲烷减排政策及实践。本书可供水稻种植和畜禽养殖行业的从业者、从事生态环境保护及应对气候变化的政府部门管理人员，以及从事全球变化、农业气象、生态、栽培、环境等相关领域的研究及教学人员、专业技术人员参考学习。

本书由美国环保协会北京代表处秦虎、高霁组织编写计划，并收集了部分相关行业问题，国内外背景及种植业相关内容由中国农业科学院农业环境与可持续发展研究所郭李萍负责撰写，写作人员还包括马芬；养殖业相关内容主要由中国农业科学院饲料研究所董利锋负责撰写，写作人员还包括贾鹏、刘云龙。全书由郭李萍、张晓楠统稿完成，中国农业科学院研究生王婷协助进行了部分问题收集和文稿校对。

书中主要观点与内容为文献检索及文献要点总结，在此特别对本领域同行的学术贡献表示致敬与感谢。

由于编者水平有限，加之本书写作时间仓促，书中内容有可能存在的不足之处，恳请读者不吝批评指正，以便我们有机会在之后的工作中做进一步的完善和修改。

编　者

2023 年 7 月于北京

目录

第一章 农业源甲烷排放及其减排的重要性 /1

1. 什么是温室气体？ /2
2. 温室气体对全球气候变化有什么贡献？ /2
3. UNFCCC 指什么？ /3
4. COP 指的是什么？ /3
5. IPCC 是什么组织？其作用是什么？ /5
6. 碳中和、碳达峰是指什么？ /5
7. 中国对碳中和及碳达峰作出了什么承诺？ /7
8. 甲烷在大气中的浓度是多少？甲烷和二氧化碳的增温效应哪个更强？ /7
9. 甲烷的短期增温作用如何？为什么人类必须关注甲烷排放？ /8
10. 甲烷的排放源和吸收汇分别有哪些？ /8
11. 近年国际社会对甲烷减排有哪些行动？ /9

12. 中国的温室气体及甲烷排放概况是怎样的？ /10
13. 农业活动的甲烷减排潜力如何？ /11
14. 农业活动甲烷减排有哪些挑战？其必要性和意义是什么？ /11

第二章 农业源甲烷排放的特征及核算 /13

第一节 养殖业甲烷排放特征及核算 /14

15. 畜禽养殖过程中碳足迹来源有哪些？ /14
16. 不同类型动物养殖过程的甲烷排放有什么特点？ /14
17. 全球不同地区畜牧业温室气体排放各有何特点？ /15
18. 中国养殖业甲烷排放在全球的占比如何？ /16
19. 反刍动物瘤胃内是如何产生甲烷的？ /16
20. 动物消化道内的甲烷从哪里排出体外？ /17
21. 什么是畜产品生命周期碳足迹？采用生命周期法核算养殖业系统甲烷排放的关键环节有哪些？ /17
22. 反刍动物甲烷产生与哪些因素有关？ /18
23. 为什么动物消化道甲烷排放高就意味着能量的利用率低？ /19
24. 动物粪便处理过程中甲烷如何产生？ /20
25. 什么是动物甲烷排放因子？如何用甲烷排放因子估算动物消化道甲烷排放量？ /20
26. 什么是甲烷排放强度？ /21
27. 测定动物甲烷排放量的直接方法有哪些？ /22
28. 间接检测动物甲烷排放量的方法有哪些？ /23
29. 是否有考虑资源流动性在内的全球畜牧业环境评估模型？ /25

30. 动物类型及品种是如何影响甲烷排放的？ /26
31. 典型养殖动物产品（牛奶、牛肉、鸡蛋等）的碳排放量是多少？ /26
32. 动物粪便处理方式有哪些？哪种方式对甲烷排放量影响最大？ /27
33. 粪便甲烷排放的监测方法有哪些？ /28
34. 放牧养殖动物的甲烷排放与规模化集中养殖有哪些区别？ /29

第二节　农田甲烷排放 / 吸收特征及核算 /30

35. 稻田为何会产生甲烷？ /30
36. 全球稻田甲烷排放有何特征？ /31
37. 大气甲烷的吸收汇有哪些？森林、草地和农田的甲烷汇强度哪个更大？ /32
38. 稻田甲烷产生有哪几种途径？ /32
39. 产甲烷菌有什么特点？其特征是什么？ /33
40. 稻田土壤中产生的甲烷能被氧化吗？受什么因素影响？ /34
41. 好氧甲烷氧化菌有哪几类？主要的氧化反应过程及阶段是什么？ /35
42. 厌氧条件下甲烷能被氧化吗？ /36
43. 稻田产生的甲烷通过什么途径传输到大气中？ /37
44. 气候因素如何影响稻田甲烷排放？ /39
45. 土壤性质如何影响稻田甲烷排放？ /40
46. 水稻品种如何影响稻田甲烷排放？ /40
47. 农田管理措施如何影响稻田甲烷排放？ /41
48. 稻田甲烷减排可以从哪些方面入手？ /42
49. 稻田除了排放甲烷，还排放其他温室气体吗？排放量占比如何？ /43
50. 稻田有碳汇功能吗？其碳汇和甲烷排放如何进行平衡协调？ /44

51. 稻田甲烷排放有什么监测方法？ /45
52. 估算区域尺度或国家尺度的甲烷排放有哪些方法？ /46
53. 评估稻田甲烷排放有哪些衡量单位？各自反映什么内涵？ /47
54. 什么是水稻生产的生命周期碳足迹？ /48
55. 水稻秸秆处理方式有哪些？哪种方式对甲烷排放影响最大？ /49
56. 什么是农产品的碳标签？它反映了什么？ /50
57. 气候变暖如何影响陆地生态系统的甲烷汇？ /50
58. 旱地生态系统中的甲烷氧化菌有什么特点？ /51
59. 旱地土壤的甲烷氧化能力与土壤深度有什么关系？ /52
60. 氮肥对旱地土壤甲烷氧化能力有什么影响？ /53
61. 不同地区的森林，其甲烷汇的强度如何？ /54
62 . 氮沉降如何影响森林土壤的甲烷吸收汇？ /54
63. 放牧和割草如何影响草地的甲烷吸收汇？ /55

第三章 农业生产活动甲烷减排技术 /57

第一节 养殖活动甲烷减排技术 /58

64. 畜牧业甲烷减排的潜力有多大？ /58
65. 提高动物能量利用率，是否就意味着甲烷排放减少？ /58
66. 如何提高动物生产性能以减少单位畜产品的甲烷排放量？ /59
67. 如何科学处理粗饲料以减少甲烷排放？ /60
68. 如何合理调制饲料以减少甲烷排放？ /61
69. 如何通过调整饲粮配方减少动物消化道的甲烷排放？ /62
70. 饲喂植物提取物可以减少动物甲烷排放吗？ /63

71. 饲喂益生菌可以减少动物消化道甲烷排放吗？ /64
72. 如何调控瘤胃微生物菌群以减少甲烷排放？ /65
73. 为实现畜牧业甲烷减排，通过哪些具体的指标来进行动物育种筛选？ /66
74. 如何饲喂纤维饲料可减少奶牛消化道的甲烷排放？ /66
75. 降低反刍动物甲烷排放的饲料添加剂有哪些？它们是如何发挥作用的？ /67
76. 畜禽养殖农场中粪便甲烷减排的措施有哪些？ /68
77. 肉牛养殖场甲烷减排的关键环节有哪些？ /70
78. 生猪养殖中如何减少温室气体排放？ /70
79. 家禽养殖中如何减少温室气体排放？ /71
80. 水禽养殖中如何减少温室气体排放？ /72
81. 养殖业甲烷减排过程中成本如何核算？ /73
82. 养殖过程中甲烷可以通过回收进行利用吗？具体方法有哪些？ /74
83. 养殖业畜禽粪便处理中甲烷减排是否会引起其他温室气体排放？如何避免？ /74
84. 相较集中养殖环境，放牧方式下减少甲烷排放的途径或技术有哪些？ /76
85. 如何通过增加碳固存实现养殖活动相关的温室气体减排？ /77

第二节　农田甲烷减排及增汇技术 /78

86. 中国不同地区的水稻种植面积如何？各地区的水稻排放因子有何差异？ /78

87. 不同地区的稻田如何有效地进行甲烷减排？有哪些针对性的管理措施？ /79
88. 如何通过水分管理方式控制稻田甲烷排放？ /80
89. 秸秆处理和耕作方式如何结合能够使稻田甲烷大幅减排？ /81
90. 稻田秸秆如何还田才能减排甲烷或实现甲烷零排放？ /82
91. 节水抗旱稻的培育及发展情况如何？其甲烷减排效果如何？ /83
92. 稻渔模式能否减少稻田甲烷排放？ /84
93. 稻田甲烷减排的同时如何兼顾氧化亚氮减排？ /86

第四章 农业领域甲烷减排政策及实践 /87

94. 甲烷排放的监测、报告和核证（MRV）指的是什么？ /88
95. 什么是 CCER？其作用是什么？ /90
96. 甲烷减排项目中的边界、基线分别指什么？ /91
97. 农业生产中哪些技术可以被开发为甲烷减排方法学？ /91
98. 在农业农村固碳减排及甲烷减排方面，我国国家层面有哪些具体的政策措施？ /93
99. 农业甲烷减排与适应气候变化相矛盾吗？ /96
100. 在推广甲烷减排技术过程中，如何有效促进技术的实际应用？ /97

第一章

农业源甲烷排放及其减排的重要性

1. 什么是温室气体？

温室气体是指地球低层大气圈中的一些痕量气体，这些气体能够使大部分的太阳短波辐射穿过大气层而到达地表；但地表受热后反射出的长波辐射则大部分能被低层大气中的这些气体吸收，并将这部分热量反射回地表，使地表气温升高。温室气体之所以具有温室效应，是由其本身分子结构所决定的，温室气体是拥有偶极矩的红外活性分子，所以能够吸收红外线进入激发态，之后再回到基态将热量释放出来，其吸收红外辐射的能力能够使地球表面变得更温暖。

大气中主要的温室气体有水汽（H_2O）、二氧化碳（CO_2）、甲烷（CH_4）、氧化亚氮（N_2O）、含氟化合物［如六氟化硫（SF_6）、全氟碳化物（PFCs）、氢氟碳化物（HFCs）］，以及大部分制冷剂［如氯氟烃（HCFCs）］等。

2. 温室气体对全球气候变化有什么贡献？

工业革命以来，因人为活动如化石燃料燃烧、森林砍伐、工农业生产排放等，使大气中温室气体浓度不断升高，成为全球气温升高的主要原因。IPCC 第六次评估报告得出，1750—2019 年全球地表升温增加的贡献份额中，二氧化碳的贡献占 54%，甲烷和氧化亚氮的贡献分别占 13.6% 和 5.3%，其中气溶胶抵消了约 32% 的升温，因此，大气中温室气体浓度升高是气候变化最主要和最直接的因素。

3. UNFCCC 指什么？

UNFCCC 除了是《联合国气候变化框架公约》，也是负责支持该公约实施的联合国秘书处的名称，其办公室位于德国波恩。UNFCCC 全称为 The United Nations Framework Convention on Climate Change。该公约于 1992 年 5 月 9 日在巴西里约热内卢召开的联合国大会上通过，同年 6 月在世界各国政府首脑参加的联合国环境与发展会议期间开放签署，当时由 150 多个国家以及欧洲经济共同体共同签署。我国于 1992 年 11 月 7 日经全国人民代表大会批准《联合国气候变化框架公约》，并于 1993 年 1 月 5 日将批准书交存联合国秘书长处。该公约于两年后的 1994 年 3 月 21 日在全球生效。2016 年 6 月之后，加入该公约的缔约方共有 197 个。该公约由序言及 26 条正文组成，具有法律约束力，其最终目标是将大气中的温室气体浓度维持在一个稳定的水平，以防止人类活动对气候系统造成危险干扰。

4. COP 指的是什么？

COP（Conference of the Parties）指缔约方会议，UNFCCC 每年举行一次 COP 以讨论全球如何共同应对气候变化问题。具有里程碑式的 COP 有 COP3、COP21 等。

1997 年在日本东京举行的 COP3 通过了《京都议定书》，该议定书根据“共同但有区别的责任”原则，规定占全球排放量 55% 的 55 个发达国家的 6 种温室气体排放量在2008—2012年的第一承诺期相较1990年平均减少5.2%，并向发展中国家提供资金以支付他们履行公约义务所需的费用。发展中国家也承担提供温室气体源与温室气体汇的国家清单义务，制定并执行含有关于温室气体源与汇方面措施的方案，不承担有法律约束力的限控义务。《京都议定书》还确立了3种旨在减排温室气体的灵活合作机制，即国际排放贸易机制（Emissions Trading，ET）、联合履约机制（Joint Implementation，JI）和清洁发展机制（Clean Development Mechanism，CDM）。其中，ET、JI两种机制是发达国家之间实行的减排合作机制；CDM是发达国家与发展中国家之间的减排机制，主要是由发达国家向发展中国家提供额外的资金或技术，帮助发展中国家完成温室气体减排份额。

另一个重要的COP是COP21，于2015年年底在法国巴黎召开，近200个缔约方一致同意通过了《巴黎协定》，该协定为2020年后全球应对气候变化行动作出安排，目标是将全球平均气温在2100年较工业化前上升幅度控制在2℃以内，并努力限制在1.5℃以内。截至2022年9月，全球已有143个国家向UNFCCC提出了碳中和国家贡献时间线；之后，各国提出了应对气候变化的国家自主贡献计划。中国于2020年9月22日的第七十五届联合国大会一般性辩论上提高了之前的国家自主贡献力度，提出了碳达峰和碳中和行动时间线，即“二氧化碳排放力争于2030年前达到峰值，努力争取2060年前实现碳中和”，是全球主要排放国中首个设定碳中和限期的发展中国家。

5. IPCC 是什么组织？其作用是什么？

IPCC 全称是 Intergovernmental Panel on Climate Change，即“联合国政府间气候变化专门委员会”，是世界气象组织（WMO）及联合国环境规划署（UNEP）于 1988 年联合建立的政府间机构。其主要任务是对气候变化科学知识的现状，气候变化对社会、经济的潜在影响，以及如何适应和减缓气候变化的可能对策进行评估。IPCC 的主要工作是为政策决策者提供气候变化的相关资料，通过检查每年出版的数以千计的有关气候变化的论文及研究结果，每 5 年出版一次评估报告，总结气候变化的“现有知识”。

IPCC 在 1990 年、1995 年、2001 年、2007 年、2013 年和 2021 年，先后完成了六次评估报告并出版了一系列的方法学、技术报告和特别报告，这些报告已成为国际社会认识和了解气候变化问题的主要科学依据。IPCC 下设 3 个工作组和 1 个专题组：第一工作组主要评估关于气候系统和气候变化有关的科学问题；第二工作组主要评估气候变化的影响和适应，包括气候变化对自然生态系统、粮食安全以及人类健康等方面的影响；第三工作组主要评估限制温室气体排放并减缓气候变化的选择方案；国家温室气体清单专题组则负责 IPCC 制订国家温室气体清单的方法学及相关计划。

6. 碳中和、碳达峰是指什么？

广义的“碳中和”是指全球、国家、企业、产品、活动或个人在一定时间范围内排放的温室气体总量，与通过植树造林等活动吸收的温室气体汇总量，实现正负抵消、达到相对“零排放”。“碳达峰”是指全球、国家或企业的碳排放达到一定的排放量后不再增加、排放量进入一个平台期，之后进入平稳下降阶段。一些协议或国家自主贡献中所指的“碳达峰”一般是指狭义的碳达峰，即二氧化碳的排放与吸收达到总量平衡，并不包括其他温室气体。

2016 年 4 月 22 日签订的《巴黎协定》规定，到 21 世纪末将全球平均气温较工业化前水平的升高幅度控制在 2℃以内，并努力将气温升幅限制在工业化前水平的 1.5℃以内；该目标要求全球温室气体排放在 21 世纪下半叶实现温室气体源的人为排放与汇的清除之间的平衡。在签署首日，有 175 个国家签署了该协定；中国时任国务院副总理张高丽作为习近平主席特使出席签署仪式，并代表中国签署《巴黎协定》。为响应《巴黎协定》，全球大部分国家对 2020 年后国际合作应对气候变化作出进一步的制度设计和安排。“国家自主贡献”是根据《联合国气候变化框架公约》缔约方会议的要求，由各国自主提出的 2020 年后应对气候变化行动计划。2016 年 11 月，欧盟批准了《巴黎协定》的决议，截至 2022 年 9 月，世界上已有 143 个国家和地区、84 个城市、419 个企业承诺碳中和相关目标，发达国家由于其工业化发展阶段早，其中欧盟和美国的碳排放已分别在 1991 年和 2007 年达峰，实现碳中和的时间线均为 2050 年。

7. 中国对碳中和及碳达峰作出了什么承诺?

碳达峰及碳中和目标，也简称“双碳”目标。中国是最大的发展中国家，同时也已成为温室气体排放大国。中国政府早在 2009 年的哥本哈根气候变化会议上就提出了中国的国家自主贡献，即 2020 年国内单位 GDP 的二氧化碳排放强度比 2005 年下降 40% ～ 45%；目前该目标已提前完成，测算显示中国 2019 年的二氧化碳排放强度仅为 2005 年的 51.9%。中国于 2015 年提出了新的国家自主贡献，即到 2030 年国内单位 GDP 的二氧化碳排放强度比 2005 年下降 65% 以上，二氧化碳排放到 2030 年左右达到峰值、力争到 2060 年前实现碳中和；同时，还提出了 15 个方面的应对气候变化行动政策和措施，以助力“双碳”目标的实现。

8. 甲烷在大气中的浓度是多少？甲烷和二氧化碳的增温效应哪个更强?

2019 年大气中甲烷的浓度为 1 866 ppb[1]，比工业化前的 800 ppb 增加了 1.3 倍。IPCC 评估报告指出，北半球是人为甲烷排放的主要来源，2008—2017 年的 10 年，大气甲烷的自然源（淡水湿地）和人为源分别向大气排放了甲烷 2.39 亿 t 和 3.57 亿 t，合计 5.76 亿 t；而同期在对流层和平流层的吸收汇及土壤对其的吸收仅为 5.14 亿 t 和 0.37 亿 t，大气中甲烷每年仍以 4 ～ 10 ppb（平均 7 ppb）的速度递增。

1 ppb，part per billion，十亿分比浓度，10 的 -9 次方数量级。

作为一个短寿命的温室气体，甲烷在大气中的驻留时间是11.8年，在三大温室气体中是寿命最短的，减排甲烷在短期内对气候的减缓作用较为显著。在20年和100年的时间尺度上，甲烷的全球增温潜势分别是等质量二氧化碳的79.7倍和27倍，其对全球增温的贡献仅次于二氧化碳。

9. 甲烷的短期增温作用如何？为什么人类必须关注甲烷排放？

IPCC第六次评估报告指出，工业化以来排放到大气中的甲烷使全球地表平均增温了0.5℃，第一大温室气体二氧化碳对目前全球平均增温的贡献是0.75℃，其余还有氧化亚氮的增温作用及气溶胶对增温的一部分降温抵消作用。可见甲烷是对全球增温贡献位居第二的温室气体。在100年的时间尺度上，甲烷的全球增温潜势是二氧化碳的27倍；由于甲烷是一种相对短寿命的温室气体，其在20年的时间尺度上的全球增温潜势则是二氧化碳的79.7倍。IPCC的估算表明，在2010—2019年的近10年间，甲烷对气候变暖的贡献达40%。因此，减排甲烷对改善近期气候是有显著作用的。这也是近年来全球对甲烷的关注度不断增加的主要原因之一。

10. 甲烷的排放源和吸收汇分别有哪些？

大气甲烷的排放源有自然源（淡水湿地）和人为源两大类，

根据IPCC报告的汇总估计，2000—2009年，全球大气甲烷的自然源为每年2.15亿t，占总排放源的39.3%，包括湿地排放的1.8亿t、淡水湖和河流每年排放0.35亿t；人为源为每年3.36亿t，占总排放源的60.7%，其中包括农业生产活动（水稻种植和养殖业动物消化道发酵粪便处理）和废弃物处理排放2.06亿t、化石燃料生产（如油气及煤炭开采中的泄漏）排放1.01亿t、生物量燃烧等排放0.29亿t。

大气甲烷的吸收汇主要是其在大气中与OH基团（羟基）反应而生成二氧化碳，2000—2009年，大气甲烷的化学汇为5.11亿t，是甲烷的主要清除汇。化石燃料不完全燃烧而释放出的一氧化碳会消耗大气中的OH基团，因此一氧化碳会使大气中的甲烷汇功能减弱。此外，陆地生态系统中好气土壤是大气甲烷的吸收汇，其吸收汇强度在2000—2009年为0.34亿t，主要是森林土壤和草地土壤的吸收，好气的农业土壤环境是一个弱的甲烷汇。

11. 近年国际社会对甲烷减排有哪些行动?

由于甲烷对短期气候的巨大作用，国际社会近年来对甲烷减排的行动步伐不断加快。减排甲烷行动从全球范围来看，欧盟于2020年11月2日公布了“欧盟甲烷减排战略”，拟在未来30年降低50%的甲烷排放，为全球2050年前温升降低0.18℃作出贡献；于2021年11月在英国格拉斯哥召开COP26期间，美国、欧盟在内的105个国家共同签署了“全球甲烷承诺”，参与承诺的各方同意采取自愿减排甲烷的行动，在《中美关于在21世纪20年代强化气候行动的格拉斯哥联合宣言》中，中美两国均认识到加大行动控制和减少甲烷排放是21世纪20年代必须开展的事项。中国政府在甲烷减排方面也已开始了一系列规划与行动。

12. 中国的温室气体及甲烷排放概况是怎样的？

中国目前向《联合国气候变化框架公约》秘书处提交了5次即1994年、2005年、2010年、2012年、2014年国家温室气体清单。中国1994年的温室气体排放总量为30.7亿tCO_2e、2014年为123亿tCO_2e，其中1994年排放当量中二氧化碳、甲烷和氧化亚氮的占比分别为75.7%、17.7%和6.5%，2014年排放量中这3种温室气体的占比分别为83.5%、9.1%和5%，这3种气体的绝对排放量都在显著增加，3种温室气体的排放量在20年间分别增加了3.34倍、1.56倍和2.31倍。

中国2014年甲烷排放各来源的占比分别为能源活动46.2%、农业活动41.5%、废弃物处理12.3%。其中，对于农业活动排放的甲烷而言，动物消化道发酵占比44.3%、水稻种植占比40.1%、动物粪便处理占比14.2%、种植废弃物田间焚烧占比1.5%。可见，动物养殖、水稻种植和动物粪便处理是农业活动主要的甲烷排放来源。

13. 农业活动的甲烷减排潜力如何？

农业活动的排放是生存性排放，农业生产首先需要提供人类基本生活所需的粮食及肉蛋奶等产品，一些基础排放可能无法避免。但在满足食物生产的同时，能够通过一些技术改进措施尽可能减少温室气体的排放，其中包括甲烷的减排。关于大尺度的、国家层面的甲烷减排估算，涉及很多因素，如未来的人口发展、食物结构、城镇化状况及土地利用状况、技术进步、政策层面的鼓励和补贴、技术实际应用的可操作性及接受程度、技术的成本效益等诸多方面，目前还都处于研究阶段。不过，大部分研究显示，通过技术改进一般能够减少农业生产活动中甲烷排放量的20%～30%，更多份额的减排则需要新的革命性技术突破，如旱稻替代淹水稻，大幅减排甲烷排放的饲料添加剂而又不影响动物产出产品的产量、品质及动物健康的新型技术。可见，在大幅减排生存性排放方面，还有很多待解决的问题，因此，不断增强甲烷吸收汇特别是陆地生态系统的甲烷吸收汇，也是一个值得关注的方面。

14. 农业活动甲烷减排有哪些挑战？其必要性和意义是什么？

农业生产活动的甲烷排放是生存性排放。在农业生产领域减排甲烷既是挑战也是机遇，需要多方面的技术创新及应用。

对于种植业特别是水稻种植，要做到在保证和提升水稻产量和品质的同时减排甲烷，需要采取合理的农作管理措施，包括高产低排放品种的选育、有效的稻田水分管理策略与技术、秸秆及有机物料还田的管理策略及技术、甲烷抑制剂的研发与使用、土壤碳汇提升与甲烷减排技术的兼顾等方面。制定甲烷减排策略，需要科学高效的新技术研发及应用，提升水稻生产全过程的技术含量，促进技术进步及农业可持续发展，与国家绿色生产的指导思想相一致，更能为减缓气候变暖作出贡献。

养殖业甲烷减排，能够提高饲料中营养物质转化为有效能的效率，以减少饲料资源的浪费。如果实现降低畜牧生产过程中甲烷的排放，意味着甲烷能的损耗降低，反过来能够被动物利用的能量增加，这部分降低的甲烷可用于生产更多的畜产品，从而鼓励养殖场提高动物能量利用率，改善饲料管理方式及动物粪便处理模式、提高畜产品的产量和品质，提升畜禽养殖业的管理水平，实现经济效益和生态效益“双赢”。畜禽养殖管理水平的整体提升还可以减少其他附带的环境污染，如氨挥发、粪便随意堆放引起的氮淋洗等环境问题，对减缓气候变暖和减少环境污染有协同推动作用。

农业农村部、国家发展改革委在2022年联合发布《农业农村减排固碳实施方案》，已经将种植业和养殖业的固碳减排列为重点任务，这对我国实现农业高效生产和绿色发展具有重要意义，是解决农业生产与温室气体减排之间矛盾的重要举措。农业的低碳生产需要坚实的技术支撑，以促使农业生产的综合管理水平得到提升，为“双碳”目标提供农业贡献的同时为农业生产的高质量发展保驾护航。

第二章

农业源甲烷排放的特征及核算

第一节　养殖业甲烷排放特征及核算

15. 畜禽养殖过程中碳足迹来源有哪些？

畜禽产品生产过程生命周期内碳足迹来源有4个方面：肠道发酵、粪肥管理、饲料生产和能源消耗。①肠道发酵产生的甲烷是第一大排放源，动物在消化过程中会通过微生物发酵产生大量的甲烷，其中反刍动物排放量最大。②粪肥管理中主要产生甲烷和氧化亚氮。甲烷由有机物质经过厌氧分解而释放；另外粪肥在储存和加工过程中，其中的氮还被转化为氧化亚氮和氨气排放到大气中。③饲料生产、加工运输过程产生二氧化碳和氧化亚氮。二氧化碳主要源于饲料原料作物种植以及生产化肥、加工和运输饲料过程中的化石燃料使用；氧化亚氮的排放源自饲料生产中的肥料使用和粪肥管理、田间施肥等环节。④能源消费贯穿整个畜禽产品生产过程（包括化肥生产、饲料作物管理、收获、加工、运输，动物饲养等过程），主要以二氧化碳的形式排放。

16. 不同类型动物养殖过程的甲烷排放有什么特点？

单就动物养殖生产的过程来看，养殖业排放的甲烷有近90%来自反刍动物的瘤胃发酵，其余约10%来自动物的粪便发酵。与单胃动物不同，牛、山羊和绵羊等反刍动物具有独特的消化系统，共有4个胃（包括瘤胃、网胃、瓣胃、真胃），反刍动物采食比较急促匆忙，大部分食物未经充分咀嚼就吞咽到消化道中，这些食物会先储存到瘤胃中，粗食物在瘤胃中经过微生物的消化分解，以及食物逆转重新回到口腔内，重复咀嚼后再吞咽进行下一步消化。与单胃动物肠道微生物在消化养分上的作用相比，瘤胃内微生物群落的组成和功能更加复杂，这使反刍动物能够消化植物性纤维，从而可以采食大量的纤维性饲粮。反刍动物的瘤胃是一个厌氧发酵罐，瘤胃内的微生物将纤维性饲粮分解成挥发性脂肪酸、氢气和二氧化碳等产物，产甲烷菌利用瘤胃中产生的氢气、二氧化碳及乙酸合成甲烷。

17. 全球不同地区畜牧业温室气体排放各有何特点?

不同国家和地区畜牧业温室气体排放差异较大，主要由反刍动物养殖过程中温室气体排放强度的差异导致。拉丁美洲和加勒比地区的排放量最高，主要源于肉牛养殖。东亚地区的排放量位居第二，主要由于畜禽养殖基数大且排放强度高。北美洲和西欧地区的温室气体排放量与蛋白质产量相当，其中北美洲温室气体主要源于高排放强度的牛肉养殖，西欧地区养殖业温室气体主要源于低排放强度的奶牛养殖。南亚地区的排放量与北美洲和西欧地区排放量相当，但是其蛋白质产量较低，所以单位畜产品的甲烷排放量较高。

18. 中国养殖业甲烷排放在全球的占比如何?

中国是反刍动物养殖大国，2020 年牛和羊的存栏量分别达到 9 692 万头和 30 564 万只，我国牛、羊等反刍动物的甲烷排放量约占全球总排放量的 15%。IPCC 针对不同地域和养殖水平给出了甲烷产量预测参数，其中仅包含亚洲地区数据，目前基于我国养殖模式下的瘤胃甲烷排放预测数据还较欠缺，采用 IPCC 参数计算我国养殖模式下的甲烷产量可能会带来较大的误差，影响我国养殖业减排策略的制定和实施，我国尚需建立完善的养殖业甲烷排放基础数据库。

19. 反刍动物瘤胃内是如何产生甲烷的?

反刍动物的瘤胃是一个厌氧发酵仓，其中含有大量的微生物。反刍动物瘤胃微生物主要包括细菌、古菌（主要为产甲烷菌）、真菌和原虫四大类，每毫升瘤胃液中含有 $10^{10}\sim10^{11}$ 个细菌、$10^{6}\sim10^{8}$ 个产甲烷菌、$10^{3}\sim10^{6}$ 个真菌和 $10^{4}\sim10^{6}$ 个原虫。反刍动物瘤胃内的微生物可分解单胃动物无法利用的纤维性饲粮，在此过程中不可避免地产生氢气和二氧化碳等副产物，产甲烷菌则利用这些副产物生成甲烷。产甲烷菌产生甲烷的方式主要分为 3 种：一是利用氢气还原二氧化碳的氢营养途径，二是通过乙酸异化反应的乙酸异化途径，三是利用甲胺、次甲胺、甲醇分化的甲基营养途径。其中，最主要的产甲烷方式为氢营养途径，此途径产生的甲烷占瘤胃内甲烷总产量的 80% 以上。

20. 动物消化道内的甲烷从哪里排出体外？

反刍动物瘤胃内产生的甲烷主要过嗳气和呼气经过反刍动物的嘴和鼻孔排出体外，占瘤胃甲烷总产量的 90% 以上，剩余的少量甲烷则通过动物后肠道排出体外。动物种类、年龄与体重、饲料的粉碎程度及化学成分、采食水平和采食时间、动物的健康状况等是影响反刍动物消化道发酵甲烷排放量的主要因素。

21. 什么是畜产品生命周期碳足迹？采用生命周期法核算养殖业系统甲烷排放的关键环节有哪些？

生命周期源自生物学领域，指生物体从出生到成长、衰老直至死亡所经历的所有阶段和过程。生命周期评价（Life Cycle Assessment，LCA）始于 20 世纪 60 年代末 70 年代初，开始被称为资源与环境状况分析（Resources and Environmental Profile Analysis，REPA）、生命周期分析、生命周期方法（Life Cycle Approach）等。

生命周期分析作为一种碳足迹核算方法，是一种自下而上的计量方法，不仅考虑生产过程的直接碳排放，还涉及养殖系统中的能源使用、生产资料在生产过程中的排放等其他间接排放。该方法可用于评估养殖业某一产品整个生产周期内的活动、服务、过程或产品相关的全部产出和投入品间接或直接对碳排放和环境造成的影响。生命周期分析过程一般包括终端产品的产前（摇篮）、产中（农场）和产后（加工、储运、零售、消费）三大环节，但实践中一般考虑“从摇篮到农场”的居多，而“从摇篮到消费者”阶段由于涉及消费者的消费理念和方式等更复杂的过程，目前研究报道的还较少。

以奶牛养殖为例，根据与奶牛养殖相关的温室气体排放活动来确定系统边界，其范围包括从饲料生产、产品形成，到粪便处理的整个环节，包括：①饲料生产与加工环节的温室气体排放，该过程还包括用于生产原饲料的氮肥生产和氮肥田间施用的排放，谷物（大豆、小麦）加工成饲料成分（豆粕、麦麸等）时耗能的排放，全价料、浓缩料加工过程的温室气体排放等；②奶牛肠道发酵的甲烷排放；③粪便贮存和处理的温室气体排放；④奶牛场能源消耗的温室气体排放；⑤与饲料及产品运输有关的温室气体排放；⑥粪便田间施用的温室气体排放等。

22. 反刍动物甲烷产生与哪些因素有关？

反刍动物瘤胃内甲烷的产生受到多种因素的影响，包括干物质采食量、饲粮精粗比、动物遗传特性及瘤胃微生物等。干物质采食量是直接影响反刍动物甲烷产量的首要因素，干物质采食量越高，则甲烷产量越高。反刍动物甲烷产量也与饲粮中精料和粗料的比例有关，粗料的比例越大，则为反刍动物提供更多的纤维性饲粮，经过瘤胃微生物发酵之后可产生更多的产甲烷基质，更有利于甲烷的产生。反刍动物的甲烷产量也与动物的遗传特征有关，不同类群或不同品种，其甲烷产生能量各异，如牛、山羊、绵羊等不同的类别及同一类别内的不同品种，如西门塔尔牛和娟姗牛，其产甲烷能力不同。

反刍动物依赖瘤胃微生物的厌氧发酵消化纤维性饲粮，所以瘤胃微生物的数量及组成结构也是影响甲烷产生的主要因素。瘤胃微生物中的细菌在纤维分解过程中起到了主要作用，为甲烷产生提供了氢气和二氧化碳；而瘤胃中的氢气主要由原虫产生；瘤胃中的古菌主要是产甲烷菌，甲烷均由产甲烷菌利用前述底物而产生。

23. 为什么动物消化道甲烷排放高就意味着能量的利用率低？

甲烷是一种分子量低的有机化合物，分子量为16.043，分子式为CH_4，是最简单的有机物，也是含碳最少（含氢量最大）的烃。甲烷分子内贮存有能量，它能燃烧释放出热量，也是天然气、沼气、坑气或瓦斯等的主要成分。

反刍动物采食纤维性饲粮之后，经过瘤胃微生物的厌氧发酵产生挥发性脂肪酸、氢气和二氧化碳，这些产物被瘤胃中的产甲烷菌利用生成甲烷。但是甲烷并不能被反刍动物利用，大部分通过嗳气和呼气排出体外，少部分通过后肠发酵经肛门排出，排放出的甲烷意味着其中的能量没有被反刍动物所利用，是饲料能量的损失途径之一。因此，减少瘤胃内甲烷的产生，使其前体能够被动物真正利用是提高饲料转化率的关键。

24. 动物粪便处理过程中甲烷如何产生？

动物粪便主要由未被消化的有机物和水分构成，能满足许多微生物对能量和营养物质的需要，而正是在这些微生物的相互协作下，动物粪便才能被彻底分解，并且在其降解过程中产生甲烷等产物。动物粪便堆放过程中产甲烷的过程可分为4个步骤：水解、产酸、转化和产甲烷。①水解阶段：粪便中的复杂有机物在微生物产生的酶的作用下水解成简单的化合物，如纤维素和淀粉在纤维素酶的作用下水解为简单的葡萄糖、麦芽糖等，脂肪在脂肪酶的作用下分解为简单的脂肪酸等。②产酸阶段：产酸微生物对前一阶段的粪便水解产物继续分解，生成乙酸、丙酸和丁酸等短链脂肪酸，以及水和二氧化碳。③转化阶段：挥发性脂肪酸被同型产乙酸菌转化为乙酸、二氧化碳和氢。④产甲烷阶段：产甲烷菌利用氢气还原二氧化碳产生甲烷，还可发酵乙酸、丙酸、丁酸等短链脂肪酸产生甲烷。3种产甲烷途径中乙酸异化途径占主导地位，因此通常根据乙酸异化途径所合成的甲烷产量来估算粪便甲烷的理论生成量。动物粪便中未消化的有机物在厌氧环境下发酵产生甲烷，粪便管理方式和环境的温度及湿度是甲烷排放的主要影响因素。

25. 什么是动物甲烷排放因子？如何用甲烷排放因子估算动物消化道甲烷排放量？

动物甲烷排放因子是指单个动物在全年中的甲烷排放量，

单位为“kg CH_4/（头/年）”。排放因子估算法主要指各国（或地区）在参考《IPCC 国家温室气体清单指南》（专门为各国编制和报告温室气体清单而设计）所提供的计算方法和基本参数的基础上，结合本国或本地区的现实情况对计算方法和排放因子进行修正或确认，编制本国或本地区的温室气体排放清单，基于清单中的活动数据（如反刍动物数量）查询排放因子数据，从而对不同类型及不同年龄阶段动物的甲烷排放量进行分别计算。

《IPCC 国家温室气体清单指南》给出了估算动物生产过程中甲烷排放量的方法，包括 3 个层级的方法，其中方法一和方法二为因子计算法，方法三为各国（或地区）实际测量法。选择哪个层级方法取决于可获取的数据。通常层级越高，需要的数据越详细，估算结果也越符合各国生产实际。一般地，方法一中，仅有活动数据为各国（或地区）实际数据（如不同类型动物的数量），排放因子采用 IPCC 推荐值；方法二中，排放因子采用各国（或地区）特定的推荐值，用之分别乘各国各自的活动数据累加即可，其中，甲烷排放系数必须考虑这个国家（或地区）动物的甲烷排放特征；方法三则需要更多的各自国家（或地区）的广泛测定数据，依据各国（或地区）的数据基础测定。

26. 什么是甲烷排放强度？

在甲烷排放相关的研究中，存在不同的评估参数，最常用的有以下 3 种。①甲烷排放量（methane production，指某种动物或某个养殖场的动物每年的甲烷排放量），主要受动物类型及干物质采食量的影响。②甲烷排放率（methane yield，指单位干物质采食量条件下的甲烷排放量），与采食量之间呈负相关，从生物学角度比甲烷排放量更能精确反映动物的甲烷排放情况。③甲烷排放强度（methane intensity，指生产单位质量动物产品的甲烷排放量），主要受生产水平的影响，反映每千克动物产品（体重或者牛奶）的甲烷排放量。其中，单位动物产品的排放量（甲烷排放强度）能够精确反映动物采食量、温室气体排放和生产力的综合管理实践水平。

27. 测定动物甲烷排放量的直接方法有哪些？

目前，直接测定动物甲烷排放量的方法主要有3种，分别为呼吸测热室法、六氟化硫示踪法和GreenFeed系统检测法。

（1）呼吸测热室法已有100多年历史，其原理为：将家畜置于密闭的呼吸箱内，通过测定一定时间内呼吸代谢箱中甲烷气体浓度的变化计算排放量。外部的空气进入呼吸箱内之后，因为动物正常的生理活动，其产生的甲烷、二氧化碳等气体以相同速率排到呼吸箱中。通过对进入箱体内的气体和外排出箱体的气体进行采样分析，来明确各类气体的变化量。甲烷排放量为气流量和排出气体与吸入气体之间浓度差的乘积。该系统能通过对家畜的气体消耗量（如氧气）和气体产生量（如甲烷和二氧化碳）进行准确测定，得到的结果被作为“黄金标准”。但是，该测定方法也存在设备建造成本高、可测定的动物数量少等问题，另外由于动物活动受到限制，也存在剥夺动物福利、违背动物生产特征等弊端。

（2）与呼吸测热室法相比，六氟化硫示踪法能够在较多动物和不改变动物饲养状态的条件下应用，改进了呼吸测热室法测定动物数量少的问题，但也具有测量周期长的弊端，并且结果可变性高。其做法是将已知六氟化硫气体释放速率的渗透管投放到动物的瘤胃中，在动物口鼻附近安装带有限流器的管道并连接到背部真空收集罐，对呼出气体连续采集，同时也采集动物周围的环境空气。通过渗透管中已知的六氟化硫释放速率、环境空气和收集罐中甲烷及六氟化硫的浓度计算甲烷排放量。

（3）GreenFeed 系统检测法是目前直接测定反刍动物甲烷排放量的最新技术，具有无创伤、非侵入式、测量时间短和可用于大群动物的优点，应用前景广阔。该系统在头室内放置饲料补充剂诱导动物自愿访问，由研究人员设置两次测量间隔。当动物访问系统单元时，传感器对动物头部定位，抽气扇将空气经过动物的口鼻从其头顶抽入排气管，对动物呼气和嗳气进行现场采集。收集的空气经过混合、过滤，并使用热膜风速计测量气流速度，样品中甲烷的浓度用非色散红外分析法测量。最终，通过气体流量和甲烷浓度计算出甲烷排放量。

28. 间接检测动物甲烷排放量的方法有哪些？

相对于直接检测法，间接检测法具有成本低、操作简单、短时间内可重复测量和适用范围广的优点，其主要分为二氧化碳示踪法、嗅探器法和激光检测器法等。

（1）二氧化碳示踪法由 Madsen 等提出，是用估算的二氧化碳排放量和测量的呼出气体中甲烷与二氧化碳的比值来测算动物甲烷排放速率的方法。二氧化碳的排放量可以基于能量代谢、产热和呼吸熵或碳平衡来估算，呼出气体中甲烷与二氧化碳的比值可通过便携式设备测量。

（2）Garnsworthy 等提出了嗅探器法，通过估算动物的嗳气频率和嗳气中的甲烷含量，进而计算出瘤胃甲烷排放量。系统在自动挤奶系统的喂料槽中安装取样口，每隔 1 秒对料槽空气中的气体浓度进行连续取样、分析和记录。程序识别和量化甲烷浓度峰值（嗳气）和峰值频率（嗳气频率），计算每只动物每次挤奶时的甲烷排放速率，即每分钟嗳气次数乘以嗳气峰面积。使用经校准的气体释放量，在每个采样周期结束时估算嗳气稀释率。

（3）激光检测器法的激光甲烷检测器基于甲烷的红外吸收光谱原理，在距动物 1 ～ 3 m 范围内，可以测量出装置与动物间空气中的甲烷浓度。数据采集程序为连续 2 ～ 4 分钟的短时间测量，结果由一系列代表动物呼吸周期的峰值组成。仅使用由嗳气或呼气导致甲烷浓度增加的峰值进行分析，测量的气体浓度根据采样距离和背景浓度进行调整。

测定反刍动物甲烷排放量，需要花费大量的人力和物力，在生产实践中也无法对所有动物进行测定，因此还可以通过甲烷预测模型进行估算。经验模型是根据大量的测量数据结合能量平衡的原理，建立在饲粮摄入量、饲粮成分和其他动物因素与瘤胃甲烷排放之间的数学或统计关联基础上的。自 Kris 等建立统计模型以来，已经发展出多个经验模型。经验模型可以相对容易地从观测数据中建立，并不需要输入大量数据，所以常被用来估算国家尺度或区域尺度的动物瘤胃甲烷排放量清单。除了经验模型，还有根据营养代谢建立的机理模型，但其数量有限。机理模型通过预测动物消化道的营养物质吸收及挥发性脂肪酸产量，并且通过增加氢的计算来改善对瘤胃甲烷排放量的预测。机理模型预测甲烷排放量的基本原理与经验模型相似。均建立了瘤胃或后肠发酵过程中营养物质的消化、吸收、微生物生长和发酵的化学计量法，以确定挥发性脂肪酸的类型和数量、产氢量及最终的瘤胃甲烷排放量。

29. 是否有考虑资源流动性在内的全球畜牧业环境评估模型？

2016年，联合国粮农组织发布了全球畜牧业环境评估模型（GLEAM），是基于全球视角、用自上而下的方法量化分析全球温室气体排放的一个互动工具。该工具可用于提高对畜牧行业全供应链温室气体排放的认识，并识别优先干预措施来降低行业温室气体排放水平，是一种新型的评估模型框架。该模型在畜群生产函数和资源流动方面拥有高水平的定量细节，适合广泛评估生物经济建模。GLEAM模型包含畜群模块、饲料模块、肥料模块、系统模块和分配模块，涵盖畜牧业供应链上的全部要素。另外，模型收集了不同层面的数据，包含国家层面、农业生态区、不同畜禽养殖模式等。GLEAM为全球畜牧养殖业温室气体排放评估和减排提供了重要的评估工具。

30. 动物类型及品种是如何影响甲烷排放的？

不同品种的动物具有不同的生理特征，物种间差异起初是由遗传特性不同造成的。反刍动物的甲烷排放与动物品种和其遗传特性密切相关。根据联合国粮农组织2013年统计数据库，甲烷排放量大的反刍动物主要包括奶牛和肉牛，2000—2010年，全球奶牛和肉牛的甲烷排放量占牲畜总排放量的75%，其次是水牛。小型反刍动物主要包括绵羊和山羊，全球绵羊和山羊每年各产生4.75亿 tCO_2e 的温室气体，两者的排放量基本接近。

牛、羊之间具有不同的消化生理特征，为了维持自身需要，羊的单位体重采食量通常高于牛，导致羊只饲粮瘤胃流通速率较高和饲料消化率较低，造成了牛、羊之间甲烷排放量的差异。动物的体型及饲养系统也是引起甲烷产量差异的因素，体型较大的动物需要采食更多的饲粮以支持自身营养需要，其单位个体的甲烷产量也高于体型较小的动物。

31. 典型养殖动物产品（牛奶、牛肉、鸡蛋等）的碳排放量是多少？

不同畜禽产品的碳排放存在较大的差异，主要受畜禽类型、品种、养殖模式、地理区域、饲料结构等多方面的影响。根据联合国粮农组织的数据，按照生命周期碳排放量估算，牛肉的碳排放为342 $kg CO_2e/kg$ 蛋白质；牛奶的碳排放为84 $kg CO_2e/kg$ 蛋白质；羊肉的碳排放为189 $kg CO_2e/kg$ 蛋白质；羊奶的碳排放为 125 kgCO_2e/kg 蛋白质；猪肉的碳排放为 52 kgCO_2e/kg 蛋白质；鸡肉的碳排放为 40 kgCO_2e/kg 蛋白质；鸡蛋的碳排放为 42 kgCO_2e/kg 蛋白质。

32. 动物粪便处理方式有哪些？哪种方式对甲烷排放量影响最大？

为了降低养殖环节粪便管理系统中产生的甲烷，通常会采取覆盖氧化塘、粪便酸化、厌氧消化、粪便烘干后用作卧床垫料和堆肥等方式进行处理。

（1）覆盖氧化塘。养殖场通常会采取覆盖露天的氧化塘以减少粪尿发酵产生的甲烷、氨气等释放到大气中。可选择的覆盖物主要有钢顶、帐篷顶、稻草或硬壳等，但应注意用秸秆覆盖会促进粪尿中甲烷和氧化亚氮的排放。

（2）粪便酸化。通过向粪便中添加硫酸可以减少氨气的释放，粪便酸化能够减少 67% ～ 87% 的甲烷排放，氨气排放几乎被完全抑制。一般处理每吨粪浆需要 5 kg 左右的硫酸，可通过 pH 计监测 pH 降至 5.5。

（3）厌氧消化。粪便中的有机物能够在无氧条件下发酵产生沼气，作为清洁能源供养殖场使用。

（4）粪便烘干后用作卧床垫料。粪尿进行固液分离后，将粪便烘干用作奶牛卧床垫料，为奶牛提供舒适的躺卧环境、避免了其高湿厌氧分解排放甲烷。

（5）堆肥。使用固体粪便与植物物料进行混合，能够利用微生物降解粪便中的纤维素等成分，堆肥后腐熟的粪便是优质的农田有机肥。在堆肥过程中应及时进行通风和翻动，并添加适宜的腐解菌剂，减少甲烷和其他气体（氧化亚氮、氨气）的排放，以尽可能将氮素养分保存在堆肥中，防止氮素以其他气体形式碳排放和损失掉，提高堆肥的质量。

33. 粪便甲烷排放的监测方法有哪些？

监测粪便甲烷排放的方法一共有5种，包括静态箱法、连续测定静态箱法、动态箱法、气体示踪法及小型发酵筒法。

（1）静态箱法：静态箱设备分为采样箱体和箱盖两部分，将采样箱中装入粪便样品或将其固定在贮粪池中已设置好的底座的采样点上，使箱体密封不漏气，采气时盖住箱盖，箱盖顶部装有搅拌空气的小风扇、温度计和采气三通阀。根据需要每隔一定时间利用直流密封气泵抽取观测箱内气体样品，转入密闭气袋中，用于甲烷浓度的分析。此方法易操作，便于移动，但采样布点和时间对测定结果影响很大。

（2）连续测定静态箱法：是将装有一定体积粪便的密闭贮存罐盖中央的采气管与开放式回路呼吸箱测量系统连接，对粪便每天的甲烷排放量进行连续监测。此法的优点在于能进行长时间的连续测定，但由于需要使用呼吸室，不便推广应用。

（3）动态箱法：是将已知流速的空气通入一定体积的试验箱体内，然后从箱体的顶部排出，测定进出箱体气体的甲烷浓度差，再结合箱内粪便干物质的重量计算箱体内粪便的甲烷排放通量。此方法能模拟空气流通，使测定结果更真实，但设计相对复杂，不便移动使用。

（4）气体示踪法：是将已知释放速率的六氟化硫气体通过环绕贮粪池的导管释放到大气中，通过自动采样设备在贮粪池的上风向和下风向设定的采样点采集气样，使用气相色谱仪或气体测定仪在线监测分析气样中的甲烷浓度。此方法便于对甲烷排放进行现场监测，不受采样时间限制和样品处理的干扰，但在试验过程中风速要适宜且风向稳定。

（5）小型发酵筒法：适合在实验室使用，通过将粪样装入铝筒（例如：高 25.0 cm，内径 10.16 cm，壁厚 6.4 mm）并置于设定温度的恒温水浴中，产生的气体被输送至导管网并被压力传感器测量，导管网与氮气瓶相连。然后通过铝筒盖中央的膜孔采集气样，用气相色谱仪分析甲烷浓度。此方法使用的粪便样品少，容易设定试验所需温度，但设备较为复杂。

34. 放牧养殖动物的甲烷排放与规模化集中养殖有哪些区别？

天然放牧型畜牧业所占牧场面积为全球陆地总面积的一半以上，是温室气体排放的来源之一。饲粮原料组成决定了瘤胃内容物的发酵品质，在规模化集中养殖条件下往往由于饲粮组成已知和人为调控而较稳定，而且规模化集中养殖条件下动物处于环境温度适宜、饲料营养供给充足的条件；但放牧养殖动物的采食量和饲粮原料组成受到择食性和环境的影响较大，甲烷排放量具有波动性。

反刍动物的干物质采食量与甲烷排放量存在密切联系，并可以作为主要的甲烷预测因子，是影响反刍动物甲烷排放量最直观的指标。此外，饲粮或饲草成分对甲烷排放也影响较大，反刍动物甲烷排放量与纤维性饲粮采食量呈正相关。

为了满足人们日益增加的对动物产品的需求，往往通过提高日粮品质提升动物产品的产量和品质，肉羊在育肥期及奶牛在泌乳阶段的日粮精料比例均高于其他时期约50%。由于天然牧草数量和营养具有较大的季节性波动，并且其纤维含量高于（质量低于）规模化集中养殖使用的动物饲粮。因此，与规模化集中养殖反刍动物相比，放牧养殖反刍动物常常被认为是低生产效率和高甲烷排放强度（单位动物产品条件下的甲烷排放量）的代表。其总甲烷排放量约占全球反刍动物甲烷排放量的47%，其对全球气候变化的影响不容忽视。

第二节　农田甲烷排放 / 吸收特征及核算

35. 稻田为何会产生甲烷？

稻田产生甲烷，主要是由于稻田淹水造成厌氧环境，使土壤中氧化还原电位降低到 -300 mV 以下，土壤中的一些有机物厌氧分解而产生了甲烷。有机物在好氧条件下分解的产物是二氧化碳；但在淹水的稻田环境中，有机物分解不完全，其在土壤中产甲烷菌的作用下分解为乙酸，进一步分解产生了甲烷。

甲烷由产甲烷菌产生，产甲烷菌作为世界上最古老的生物之一，广泛分布于自然界的各种厌氧环境中，比如淹水的稻田。水稻的淹水种植方式将空气和土壤隔绝开，形成了严格的厌氧环境。具体来讲，稻田土壤中的有机物，如水稻根系、凋落物、微生物及动物残体等，在厌氧微生物的作用下分解为二氧化碳或乙酸，这两种甲烷生成的直接前体物质被产甲烷菌利用还原而生成了甲烷。当环境中 pH 为 4.5 ～ 5.5 时，有利于产氢产乙酸步骤进行；而当 pH 为 7.0 ～ 7.5 时，有利于产甲烷步骤的进行。两种产甲烷途径对甲烷产生的贡献主要取决于稻田土壤产甲烷菌种群的差异，嗜乙酸产甲烷菌偏好乙酸或乙酸盐，而嗜氢产甲烷菌则首选二氧化碳和氢气作为前体物质。通常，稻田甲烷产生以乙酸途径为主。

稻田甲烷在排放到大气中之前，包括产生、氧化、传输 3 个过程。

36. 全球稻田甲烷排放有何特征?

根据《全球甲烷评估》中的数据，全球水稻种植的甲烷排放约为 0.3 亿 t。全球的水稻种植主要分布于亚洲地区，其中，东南亚、南亚、中国、日本、韩国的水稻种植甲烷排放量总计约 2 600 万 t，占全球稻田甲烷排放总量的 85% 以上。过去 30 年，全球稻田甲烷排放呈先增加、然后无明显变化、再到总体平稳的变化趋势，未来 10 年稻田甲烷排放量主要随亚洲各国的水稻种植面积而变。在各项减排措施中，有针对性地实施优化水分和秸秆管理，并在热点排放国家或地区应用气候智慧型技术，可以最大程度地发挥水稻种植对减缓气候变暖的影响。

37. 大气甲烷的吸收汇有哪些？森林、草地和农田的甲烷汇强度哪个更大？

大气中的甲烷主要通过3种形式被氧化分解，一种是在对流层中由羟基自由基进行光化学氧化，占甲烷消除量的84%；另一种是在输送到平流层被臭氧氧化，占甲烷消除量的7%；此外，甲烷还能被好气土壤中的甲烷氧化菌氧化，占甲烷消除量的9%。因此，水分非饱和的自然土壤是大气甲烷的汇，森林土壤和草原土壤分别是陆地生态系统中的两大甲烷吸收汇，其中森林的甲烷汇贡献约为80%；农田是一个弱的甲烷吸收汇，温带草地转化为农田后甲烷吸收率降低75%，施肥、灌溉等措施均会影响土壤对大气甲烷的吸收。

存在于土壤中厌氧层或厌氧位点的厌氧甲烷菌也有氧化甲烷的作用，主要是甲烷与一些伴随离子（如硫酸盐、硝酸盐，以及具有氧化还原对的一些金属离子）共同作用，使甲烷得到氧化，如硫酸还原型甲烷氧化、反硝化型甲烷厌氧氧化、铁锰离子依赖型甲烷厌氧氧化，一般发生在深层水体及腐殖质丰富的土壤中。

38. 稻田甲烷产生有哪几种途径？

有机物的厌氧分解过程可分为水解酸化、产氢产乙酸和产甲烷3个阶段。第一个阶段为水解酸化阶段，由细菌、真菌、原生动物等分泌蛋白酶，将大分子有机物分解为小分子有机物。第二个阶段为产氢产乙酸阶段，由产氢产乙酸菌（HPA）

将水解酸化后期产生的不能被产甲烷菌直接利用的有机物转化为乙酸等挥发性脂肪酸（VFA）、氢气和二氧化碳。第三个阶段为产甲烷阶段，由产甲烷菌通过2种途径（乙酸途径和氢气二氧化碳途径）产生甲烷，第一种途径为乙酸分解为甲烷和二氧化碳；第二种途径为产甲烷菌利用氢气和二氧化碳生成甲烷。

在有机底物丰富的条件下，甲烷主要通过乙酸裂解途径产生。稻田土壤中2/3的甲烷是通过乙酸途径产生，25%～30%的水稻田土壤甲烷来自氢气和二氧化碳途径。

39. 产甲烷菌有什么特点？其特征是什么？

产甲烷菌，是一类能够将无机或有机化合物厌氧发酵转化成甲烷和二氧化碳的古细菌，是一类专性厌氧菌，分类学上属于古菌域中广域古菌界的宽广古生菌门。产甲烷菌在自然界中分布极为广泛，在与氧气隔绝的环境中都有产甲烷菌生长，海底沉积物、河湖淤泥、沼泽地、水稻田，以及人和动物的肠道、反刍动物瘤胃，甚至在植物体内都有产甲烷菌存在。

产甲烷菌是一类严格厌氧菌，只能生存在完全缺氧的环境中，比如含有有机碳的完全缺氧环境（如湿地、动物消化道和水底沉积物等）或不含有机物的缺氧环境（如地面以下的深处、深海热水口和油库等）。产甲烷菌是一类十分特别的古菌（Archaea），其最主要特点是只能利用一些简单有机物作为基质，如一些简单的两碳或两碳以下的物质，如它能利用氢将一些一碳物质（如二氧化碳、甲酸、甲醇、甲基胺类等）还原为甲烷；在两碳物质中，产甲烷菌只能利用乙酸、不能利用其它两碳或两碳以上的脂肪酸或醇类。

mcrA 基因是应用最广泛的产甲烷菌的标记基因，该基因编码甲烷合成酶组成中的 α 亚基，该酶是甲烷菌合成甲烷的关键酶之一。通过对 mcrA 基因序列进行分析，可以鉴定产甲烷菌的种类，明确其在分类学上的生理学和生态学特性，以及产甲烷菌的多样性和分布情况，有助于分析有机碳在生态系统中的走向。

40. 稻田土壤中产生的甲烷能被氧化吗？受什么因素影响？

稻田土壤中产生的甲烷在排放到大气之前，有 80% 以上都被氧化了，该功能主要由甲烷氧化菌完成。

土壤是不均匀体，除了存在厌氧区域，在水稻根系分泌氧气而形成的根际和水土界面也存在氧化区域，在这些区域能够发生好氧氧化。而在土壤耕作层的厌氧层发生的甲烷厌氧氧化，则受微生物种间直接电子传递的影响。土壤中消耗甲烷的细菌主要为甲烷氧化菌。稻田产生的大部分甲烷在水稻根际的好氧区域和甲烷气体穿过土壤表层的氧化层时被氧化，只有少部分未被氧化的甲烷被传输到大气中排放出去。

41. 好氧甲烷氧化菌有哪几类？主要的氧化反应过程及阶段是什么？

甲烷氧化菌能够以甲烷为碳源和能源生长，以功能基因 pmoA 为生物标记物，根据其形态特征及代谢途径，分类学上从属于亲缘关系距离很远的 3 个门，分别为变形菌门、疣微菌门和 NC10 门，3 个门的菌将甲烷氧化为二氧化碳的代谢途径高度相似。根据其生理、形态、超微结构和化学分类等特征，好氧甲烷菌主要分为两类，即 I 型和 II 型，它们分别属于 γ- 变形菌纲和 α- 变形菌纲，I 型甲烷氧化菌的细胞内膜呈扁平状，其甲烷同化主要利用核酮糖单磷酸途径进行，大多数属于甲基球菌科；II 型甲烷氧化菌细胞内具有长条形内膜，碳同化主要利用丝氨酸循环途径进行，主要为甲基孢囊菌科和拜叶林克氏菌科的细菌。

甲烷氧化的具体过程，首先在甲烷单加氧酶（MMO）的作用下将甲烷氧化为甲醇和水；随后甲醇经甲醇脱氢酶（MDH）转化为甲醛；形成的甲醛，之后一方面通过丝氨酸循环或戊糖磷酸途径进行碳同化，另一方面甲醛进一步氧化成甲酸，再经甲酸脱氢酶作用最后被氧化生成二氧化碳。

稻田产生的甲烷在排放到大气之前，有 80% 以上在水稻根际被氧化。尽管土 - 水界面的甲烷氧化数量相对于根际所氧化的甲烷很少，但当土壤孔隙水中的甲烷释放到表层水中时，也有 30% ～ 70% 的甲烷在土 - 水界面被氧化。水稻根际周围对甲烷的氧化作用占绝大多数；而在水稻生长初期，根系发育还不完全的阶段，甲烷氧化主要发生在土 - 水界面的氧化层，能够氧化所产生甲烷的 5% ～ 50%。

42. 厌氧条件下甲烷能被氧化吗?

甲烷厌氧氧化发生在缺氧的水体或环境中，其氧化的甲烷量占全球湿地甲烷年排放量的 2% ～ 6%。甲烷在水层及土壤中，还可能与各种电子受体的还原反应相耦合，从而实现对甲烷的氧化，该过程不需要氧的参与，因此称为甲烷的厌氧氧化。与甲烷厌氧氧化同步耦合还原的电子受体有亚硝酸根、硝酸根、硫酸根、3 价铁离子等，参与的微生物有广古菌门的甲烷厌氧化古菌、NC10 门细菌等。

亚硝酸型甲烷氧化可以利用环境中的亚硝酸根为电子受体对甲烷进行氧化，同时将亚硝酸根氧化为氮气，主要由 NC10 门细菌参与该反应，其功能基因为 pmoA。另一类广古菌门的甲烷厌氧化古菌 ANME-2d，可将硝酸盐还原为亚硝酸盐，同时可逆于甲烷生成途径将甲烷氧化为二氧化碳；然而该菌并不能进一步将亚硝酸根还原为氮气，同位素示踪研究显示，该菌的甲烷氧化速率约为最大甲烷产生率的 25%，其功能基因为 mcrA。此外，该菌在厌氧氧化甲烷的同时，还可同步耦合 3 价铁离子和 4 价锰离子的还原。

深层土壤的亚硝酸型甲烷厌氧氧化的活跃区，一般在 20 ～ 60 cm 的土壤中，该土层中高浓度的甲烷和稳定缺氧条件是该菌的适宜生长环境，如 NC10 门细菌。在潮汐流湿地中亚硝酸盐型甲烷厌氧氧化对土壤甲烷氧化的贡献率达 21% ～ 40%，其强度还受土壤中无机氮及有机碳水平的影响。氮肥施用产生的硝酸盐，可能会成为甲烷厌氧氧化的电子受体，但主要发生在深层厌氧土壤中。氮肥施用会改变土壤中的氮素水平及其他土壤理化性状，如 pH、碳氮比等，并会影响相关微生物的氮循环过程，进而对亚硝酸型甲烷厌氧氧化产生促进或抑制作用。

关于甲烷厌氧氧化对稻田甲烷氧化的贡献，受多种因素影响，如土壤中 pH、土壤中矿质离子含量、淹水时间、土层深度、土壤中氮素水平、土壤有机碳水平等，还需更多的定量化研究。

43. 稻田产生的甲烷通过什么途径传输到大气中？

稻田甲烷主要通过 3 种途径传输到大气中，分别是通过植株通气组织排出、气泡排出及液相扩散排出，分别占甲烷排放量的 80%、15% ～ 20% 和 5%。

（1）通过植株通气组织排出。水稻植株通气组织一方面能将大气中的氧气传输到植株根系，以维持根系组织的呼吸及水稻生长；另一方面由于水稻根系周围的土壤溶液与根内组织间存在甲烷的浓度梯度，根周围的土壤溶液与根内组织间存在甲烷的浓度梯度，使甲烷能够从土壤溶液扩散到根表面水膜中，然后进入根皮层细胞壁的溶液中，之后在根皮层处逸出，经胞间孔隙和通气组织转运到茎部，最终甲烷通过位于低叶位的叶鞘表皮中的微孔排放进入大气中。这是甲烷排放到大气中的主要途径。

（2）通过气泡排出。当土壤溶液中甲烷浓度较高且产生压力超过土壤溶液的表面张力时，来不及扩散的甲烷气体分子合并成甲烷气体分子团，形成富含甲烷的气泡。在水体浮力作用下气泡迅速上浮，由于气泡上升速度很快，绝大部分能穿过有氧层到达水气界面破裂而释放出甲烷。气泡对稻田甲烷排放的贡献率主要取决于土壤甲烷产生能力、土壤温度及水稻植株生长状况。因此，通过气泡排放甲烷气体主要出现在水稻植株通气组织较少的生长前期、通气组织遭到破坏的衰老期，以及土壤中有大量产甲烷基质存在时。

（3）通过液相扩散排出。液相扩散是甲烷分子从高浓度区向低浓度区扩散的一种分子运动。甲烷浓度在耕作层的氧化层附近较低，随土壤深度的增加，其浓度也因厌氧还原而增大。由于土壤中甲烷浓度梯度的存在，甲烷可以通过液相扩散排放到大气中。土壤通过液相扩散向大气排放的甲烷量与土壤表层水中的甲烷浓度、风速、气温及土壤向表层水供应甲烷的速率有关。由于气体在液相中的扩散速率比气相扩散慢约 4 个数量级，因而甲烷通过液相扩散的速率比以气相扩散为主的植株通气组织的传输要慢得多，该途径对稻田甲烷排放的贡献较小。

在水稻生长初期，植株尚未发育，其通气组织作为甲烷传输路径的作用相对较小；土壤中产生的甲烷主要以冒泡的方式排向大气。在水稻生长中期，植株通气组织较发达，同时茂密的水稻根系也对气泡和液相扩散形成屏障，甲烷通过植株通气组织排放到大气中的贡献增加。在水稻成熟期，植株衰老，植株通气组织传输甲烷的能力又相应降低。

只有当土壤中甲烷含量积累到一定程度，并且甲烷在土壤、水层及水稻植株的传输途径中被较少地氧化，并且 3 种排放途径较为通畅时，才会出现较大的甲烷排放量。因此，甲烷传输效率也是影响甲烷排放量的重要因素。

44. 气候因素如何影响稻田甲烷排放?

气候因素主要通过温度和土壤水分影响甲烷的产生、氧化和传输过程。

微生物分解有机物有一定的适宜温度，一般来讲，产甲烷微生物活动的最适宜温度为35～37℃，在这个温度范围外，土壤微生物的活性均受到抑制而导致土壤甲烷排放通量下降。许多研究表明，在低于最适温度下，土壤温度与稻田甲烷排放通量的日变化呈显著的正相关；较高的温度也很可能使甲烷排放的日变化出现双峰模态。此外，土壤温度在土壤剖面的垂直结构分布也会影响甲烷的产生与排放，一般5 cm深土层温度对土壤甲烷排放通量影响最大；气温影响土壤温度，进而通过影响土壤微生物活性、有机质分解速率等影响甲烷的产生、氧化和传输速率。在一定范围内，土壤温度升高，一方面增加土壤微生物活性，进而加快土壤中有机物的分解，加速土壤中氧的消耗并降低土壤氧化还原电位，促进产甲烷菌的生长，导致甲烷产量增加；另一方面，温度升高促进水稻生长，加快水稻植株的呼吸作用和蒸腾作用，加速甲烷通过水稻植株向大气中排放。另外，高温还能加快土壤中甲烷通过水层的扩散速率，使之易形成气泡冒出水面，减少甲烷在稻田氧化区域的停留时间，减少甲烷的氧化，使甲烷排放增加。

土壤水分是影响甲烷排放的最主要因素之一，降水特别是短时间高强度降水，使土壤淹水厚度增加、土壤氧化还原电位降低，会促进甲烷产生。

45. 土壤性质如何影响稻田甲烷排放?

影响稻田甲烷排放的土壤性质主要包括土壤有机质含量、土壤氧化还原电位、土壤质地、土壤 pH 等。土壤有机质是产生甲烷的碳源和能源，在一定条件下，甲烷产生量和排放量随土壤有机质含量的增加而增加。土壤氧化还原电位主要受土壤水分影响，若土壤长期处于淹水状态，则土壤还原性增强，土壤氧化还原电位下降，甲烷排放增加。土壤质地主要影响土壤通透性和有机质的分解速率，壤质和砂质土壤的甲烷排放显著低于黏质土壤。土壤 pH 可影响产甲烷菌的活性和土壤有机质的分解速率；大多数产甲烷菌生长代谢的 pH 为 6 ～ 8；当土壤 pH 过高或过低时，产甲烷菌的生长繁殖受到抑制，稻田甲烷排放会急剧降低甚至不排放甲烷。

46. 水稻品种如何影响稻田甲烷排放?

稻田甲烷排放与植株的通气组织、地上部分与根系形态及其生理、光合产物和生物量等有关。不同品种的水稻通气组织有很大差异，水稻茎秆各节间维管束、髓腔、气腔都是通气组织的重要组成部分，对水稻营养物质的运送、与大气中气体交换和传输起着极其重要的作用。高生物量的杂交稻品种一般通气组织较为发达、向根系输送氧的能力也强，因此，甲烷排放量低于生物量较低的常规稻品种。

根系发达的水稻品种，其通过通气组织向根际泌氧的能力强，甲烷排放量也较低。

47. 农田管理措施如何影响稻田甲烷排放？

农田管理措施包括施肥、灌溉和排水、耕作、有机物料添加、秸秆还田等农事操作。施肥量、施肥方式、肥料类型均可影响稻田甲烷排放。有机肥可为产甲烷菌提供丰富的产甲烷基质，特别是秸秆等新鲜的有机物料，还田后会显著增加甲烷排放。施用化肥可能影响土壤 pH、氧化还原电位等，从而影响甲烷排放量。适当灌溉、及时排水，尽量降低淹水高度和淹水时间可在一定程度上减少甲烷排放，因为土壤水分是影响稻田甲烷排放的最直接因子，不同的淹水程度直接影响有氧和厌氧区域的相对大小，从而影响甲烷的产生和排放；相比长期淹水灌溉，间歇灌溉、中期晒田、湿润灌溉等节水灌溉方式能够改善稻田土壤透气性，增加土壤中的氧浓度，甲烷的产生和排放会较低；水稻持续淹水期会导致土壤极端厌氧，促进甲烷的大量排放。耕作通过影响土壤环境而直接或间接地影响甲烷排放，少耕或免耕保持了土壤原有的孔隙结构，可促进甲烷氧化，进而降低甲烷排放。秸秆还田可为产甲烷菌提供丰富的产甲烷基质，降低土壤氧化还原电位，提高产甲烷菌活性，促进甲烷产生和排放；而将秸秆高温裂解制成生物质炭施入土壤中则能改善土壤的通气性，抑制产甲烷菌生长，同时可改善土壤物理性质，增强根际土壤甲烷的氧化能力，进而减少甲烷排放。

48. 稻田甲烷减排可以从哪些方面入手？

基于影响稻田甲烷排放的因素，减排的主要思路是减少新鲜有机物料输入、减少淹灌时间和灌水深度，因此水稻丰产与稻田甲烷减排协同的主要途径包括：

（1）选品种。选用与筛选高产低甲烷排放的水稻品种，如收获指数高、需水少、根系发达、泌氧能力强的水稻品种。

（2）控水分。农作管理措施上，在分蘖盛期及时晒田、适时采取间歇湿润灌溉。

（3）控物料。优化秸秆还田措施，秸秆最好是经过腐熟制成有机肥后还田，减少新鲜有机物料输入、减少甲烷排放；此外，将秸秆制成生物质炭还田，是大量秸秆还田的优选措施。另外，对于水旱轮作的稻田，秸秆还田最好在旱季还田，避免淹水期秸秆还田，以减少甲烷排放。

（4）促通气。发展稻田复合种养模式，如稻鸭、稻虾、稻蟹等生态种养模式，通过稻田中养殖动物的活动以促进氧气向土壤中的输送，增强土壤的甲烷氧化能力，进而减少甲烷排放。此外，因地制宜进行少耕、免耕，尽量不破坏土壤中原有的通气孔隙，以促进甲烷氧化、减排甲烷。此外，采取实行水旱两熟制或多熟制，缩短土壤在还原状态的时间，在冬闲期也进行合理的管理，可在一定程度上减少甲烷排放。

（5）抑制剂。有条件的情况下配合施用甲烷减排产品，包括甲烷抑制剂和土壤调理剂（如生物质炭、石灰、增氧剂、硫酸盐等）；调整稻田甲烷排放相关的微生物群落结构，筛选减排效果显著的微生物类群，如电缆细菌、丛枝菌根真菌等，促进稻田甲烷减排。

水稻丰产与稻田甲烷减排协同是多措施综合作用的结果，单个措施的丰产减排效果及潜力均有限。此外，在减排措施中需要综合考虑经济效益，选择成本适用、性价比高的措施。因此，应因地制宜采取合理的多措施技术模式。

除了种植端技术手段减排，从需求端倡导节约粮食的行为方式来看，在水稻收获后的加工、消费环节也尽可能增加对甲烷量化和创新技术的投资，利用农业金融手段将水稻种植向气候智慧型体系转变，多种层面协力减排稻田甲烷。

49. 稻田除了排放甲烷，还排放其他温室气体吗？排放量占比如何？

稻田人为种植活动除了排放甲烷气体，在晒田排水期间还会排放氧化亚氮。氧化亚氮的增温效应比二氧化碳和甲烷更大，等质量的氧化亚氮在 100 年尺度上的全球增温潜势是等质量二氧化碳的 298 倍；而等质量的甲烷在 100 年尺度上的全球增温潜势是等质量二氧化碳的 27 倍、20 年尺度上是等质量二氧化碳的 80 倍。

一般来讲，稻田在水稻分蘖后期至拔节初期都需要 7 ～ 10 天的晒田时间。晒田一方面能够使土壤从淹水状态变成好气状态，增强土壤透气性，促进好气微生物的活动，消除土壤有毒物质；另一方面能够减少根系继续吸收养分、抑制无效分蘖、减少营养物质的消耗、巩固和壮大有效分蘖，达到促使禾苗茎秆粗壮、抑制节间过分伸长、提高后期抗倒伏和抗病虫害的能力。此外，通过晒田还能降低田间湿度，减少各种病虫害的发生和蔓延。

由于晒田前是水稻营养生长的盛期，刚刚施过分蘖肥不久，晒田后土壤中的氮素容易发生硝化作用，会出现氧化亚氮排放高峰。因此，稻田温室气体减排也需要关注该时期的氧化亚氮排放。避免氧化亚氮大量排放的方法是配合施用添加了脲酶抑制剂及硝化抑制剂的稳定性氮肥或缓释氮肥。一般来讲，晒田期间的氧化亚氮排放占到水稻全生育期温室气体排放总量（换算成二氧化碳当量）的 5% ～ 15%，生产中应进行综合管理，使全生育期的各种温室气体排放都较低。

50. 稻田有碳汇功能吗？其碳汇和甲烷排放如何进行平衡协调？

稻田与旱地一样，都有碳汇功能。由于稻田淹水，有机质分解慢，稻田的土壤有机碳含量一般高于旱地。我国第二次土壤普查数据显示，我国农田土壤 0 ～ 20 cm 有机碳密度平均为每公顷（35±32）t 碳，其中稻田为每公顷（46.9±25.7）t 碳，旱地为每公顷（35.9±32.8）t 碳，稻田的有机碳密度比旱地高约 30%。因此，单从有机碳库方面来看，单位面积稻田的碳库量高于旱地。

近 30 年来，中国农田土壤有机碳平均年增幅为 0 ～ 3%，但相比农田每年的温室气体排放特别是稻田每年的甲烷及氧化亚氮排放，土壤碳汇还不足以抵消当年种植所排放的温室气体。因此，农田种植特别是稻田种植的甲烷减排需要给予关注及积极的行动，以期为减缓气候变化贡献农业的自主减排，这也符合可持续发展的长远目标。

51. 稻田甲烷排放有什么监测方法?

对于田块尺度的稻田甲烷排放监测有两种直接的方法，对于下垫面均一且平坦的大面积田块，可采用涡度相关法，用仪器直接原位测定地面一定高度的甲烷通量。对于下垫面不均一的稻田，可采用静态箱-气相色谱法，即用已知底面积和高度的密闭透明取样箱扣在稻田中，每隔 5～10 分钟抽取一定量气体、用气相色谱中的氢火焰离子检测器测定甲烷气体浓度。一般扣箱 30 分钟左右即可根据箱内甲烷气体浓度随时间变化的斜率，可以计算得出单位时间单位面积稻田的甲烷排放量［如 $mgCH_4$/（m^2·h），gCH_4/（hm^2·a）］，即排放通量。不同季节或生育期的水稻田，甲烷的日排放通量有单峰型和双峰型，在明确甲烷排放的日变化规律后，只要监测到能代表日排放通量平均值的某时段（如上午 9—11 时）的甲烷通量，即可估算出单位面积稻田每日的甲烷排放通量；由于不同时期水稻生长状况、气温、田面水层厚度等均在发生变化，因此直接测定法需每周或间隔更短的时间（如 3～4 天）就进行一次监测取样，如果能用自动控制的取样箱进行高频率每日测定则更好。水稻生育期内，用测定到的每日甲烷排放通量乘该通量所代表的生长天数并将各生育期累加，即可得到水稻全生育期的甲烷排放量。

52. 估算区域尺度或国家尺度的甲烷排放有哪些方法?

区域尺度的甲烷排放估算，有 IPCC 方法、经验模型法及机理模型法。

IPCC 方法：该方法是用活动水平乘以排放因子的方法。活动水平指某一类型稻田的面积（如 hm^2）；排放因子指单位面积稻田的甲烷年排放量［$kgCH_4/(m^2·a)$］。一般来讲，IPCC 会给出不同类型稻田的甲烷排放因子，按照稻田的水分管理类型（如淹灌、间歇灌溉落干次数）、淹水深度、稻草还田与否、雨养或灌溉等不同的条件给出具有针对性的排放因子，以减小估算中的不确定性。在实际估算过程中，只要统计出不同地区或管理方式下的稻田面积，用它乘以相应的甲烷排放因子，将各子区域的排放量相加即可得到区域或国家尺度的稻田甲烷排放总量。

经验模型法：该方法一般是根据测定得到的某类型稻田的甲烷年排放量 Y（因变量），统计出其排放量与影响甲烷排放的一些可测量的其他因素（自变量 x_1，x_2，x_3，…）之间的数量关系；之后可以用不同年份的其他自变量要素来估算相应年份的甲烷排放量。运用此方法时要注意，应用地区和经验模型构建的地区具有相似的地理生态特征，不能随意扩大其应用范围到其他生态区，以免估算结果偏差较大。其中，自变量要素包括气温、降水、土壤酸碱度等。

机理模型法：该方法是根据稻田甲烷排放的发生机理建立精确而复杂的多因子、多参数数量关系，进而根据这些可测定的参数估算甲烷排放量。也需要注意，模型应用场景应与模型建立的地理区域相接近，将模型应用于模型构建的场景或区域外的地方，需要先用实测数据对模型进行校验与验证，获得符合要求的模拟结果才可进行进一步应用。目前，较为常用的估算稻田甲烷排放的机理模型有 DNDC 模型和甲烷 MOD 模型。

53. 评估稻田甲烷排放有哪些衡量单位？各自反映什么内涵？

最常用的评估单位面积稻田甲烷排放的单位为 kgCH_4/（hm^2·a）]；表征区域尺度稻田甲烷排放总量的单位为 ktCH_4。一般来讲，稻田会在一定时期进行晒田，期间不可避免地会排放氧化亚氮，因此在评估稻田温室气体排放时，要将晒田期间排放的氧化亚氮也进行估算，统一按照 100 年尺度的全球增温潜势（GWP）换算为二氧化碳当量总量，以进行全面的评估。

由于不同农业生态区的气候、土壤、水资源状况等各不相同，不同生态区的水稻产量也不尽相同，考虑不同地区或地块的水稻产量各异，也用“甲烷排放强度”来表征稻田甲烷排放，即“生产单位质量水稻的甲烷排放量”，单位为 kg CH_4/kg 水稻或 tCH_4/t 水稻。该指标体现了地块的产量水平，比单纯的甲烷排放量数字包含了更多的信息，有助于管理者识别水稻种植甲烷排放的热点区域，也便于进行有针对性的减排方案规划。

如果从水稻生产的生命周期角度来评估，则依然采用“碳足迹”的评估方法及单位。

54. 什么是水稻生产的生命周期碳足迹？

某一产品的生命周期碳足迹，是指生产该产品各个阶段所排放的温室气体累积总量，以二氧化碳当量（CO_2eq 或 CO_2e）表示，包括从其生产资料的生产开始、一直到该产品生产完毕的整个过程。

农产品的生命周期碳足迹，是指生产该农产品全生命周期内的温室气体排放总量，以二氧化碳当量来计量。对于水稻而言，从播种到收获的碳足迹包括农资（如种子、肥料、农膜、农药等）在生产和运输到种植地的温室气体排放、水稻生产过程中所使用能源的碳排放（如整地、播种、施肥、打药、排水、收获等过程中农机使用燃油的二氧化碳排放及灌溉和排水用电所产生的二氧化碳排放），以及水稻在田间实际生产过程中的温室气体排放（包括淹水期的甲烷排放和施肥后晒田期间的氧化亚氮排放），其中田间的甲烷和氧化亚氮排放在生命周期碳足迹中的占比最大，其占比达 85% 以上。

再延伸一下概念，如果是讲“稻米”的碳足迹，则其考虑链条还要延长到水稻收获后的运输、加工（脱壳）等过程。谈到“米饭”的碳足迹，还要再包括稻米烹饪成为米饭过程中的水电消耗碳排放。

55. 水稻秸秆处理方式有哪些？哪种方式对甲烷排放影响最大？

秸秆是植株光合作用形成的生物量的一部分，主要是含碳的纤维素、半纤维素、木质素等成分，也含有氮、磷、钾等矿质元素，过去常见的在田间地头燃烧掉是一种浪费。秸秆直接燃烧掉，不但其中被光合作用固定下来的有机碳不能被保存下来，不完全燃烧时还会排放甲烷、氧化亚氮、一氧化碳等气体。

秸秆的合理利用，有以下两个途径。

首先，最符合生态友好理念的方法是将秸秆作为牛、羊等食草动物的饲料，将秸秆做成青贮或黄贮饲料，之后将动物粪便腐熟后制成的有机肥还田，这样能提高土壤碳储量、腐熟后的有机肥甲烷排放也在可控范围内，结合合理的水分管理措施，能够将甲烷排放控制到较低水平，该途径也称秸秆过腹还田。

对于稻田，由于其甲烷排放量较高，从这个层面来考虑，不建议直接将秸秆直接还田到稻季特别是秸秆还田后淹水的稻季；可以将秸秆还田到旱季，避免其还田后厌氧分解排放甲烷。对于秸秆量较大的双季稻区，可以将早稻秸秆高温裂解制成生物质炭还田。生物质炭中的碳能被长期保存下来，而且生物质炭疏松多孔，还田后可增加稻田土壤中充气孔隙，为微生物提供生存环境，也可为甲烷氧化菌提供好氧微环境，能够起到甲烷减排的作用。此外，生物质炭对南方典型稻田具有酸土改良作用，它能够中和一部分土壤酸度，对土壤养分转化和水稻生长都具有促进作用，是一种理想的秸秆处理和还田方式。

56. 什么是农产品的碳标签？它反映了什么？

某一农产品的碳标签，是指在生产该农产品过程中各个环节（包括能源使用的间接排放及生产过程的直接排放）向大气中排放的温室气体，以碳当量或二氧化碳当量计。农产品的碳标识可以帮助消费者更好地了解自己购买的农产品的碳排放情况，有利于消费者选择环境友好的农产品，促进农业的低碳发展。

在农产品的碳标签中，也可以采用不同的方式来呈现农产品的环保情况，比如，可以采用标签或标志来表示农产品的碳足迹级别（如低碳水稻），或者采用数字来表示农产品的碳足迹水平。消费者可以根据这些信息来选择自己所需要的农产品，为消费者提供清晰的低碳农业概念。一般来讲，采用低碳农业及环境友好技术进行生产的产品，其碳足迹标签数字较低。比如，中国不同省份水稻生产的碳足迹为每吨水稻排放 0.6 ～ 1.4 tCO_2e。

57. 气候变暖如何影响陆地生态系统的甲烷汇？

生态系统的甲烷汇主要指甲烷在陆地生态系统的好氧氧化作用；在无氧的深海、淤泥深处，甲烷消除主要依靠厌氧氧化。好氧氧化是陆地生态系统甲烷汇的主体。陆地生态系统的甲烷汇主要包括森林和草原土壤对甲烷的吸收，森林土壤的甲烷吸收汇大于草地，每年森林土壤吸收的大气甲烷相当于大气中甲烷的年净增加量（约 3 000 万 t/a）。气候变暖主要体现为气温升高和降水格局发生变化。气候变化对甲烷吸收汇的影响，因温度和水分的不同状况及组合而异，在一些极端气候事件，如严重干旱及阶段洪涝下，甲烷吸收汇都会降低。

甲烷氧化菌生长的最适宜温度为25℃，但其耐受范围较大。在适宜土壤吸收大气甲烷的土壤水分范围内（土壤水分含量为充水孔隙的20%～60%），自然生态系统的甲烷吸收汇随年均温升高而升高。

在一定范围内，甲烷的氧化速率与土壤水分含量之间呈显著负相关关系，当土壤充水孔隙在60%～100%时，甲烷氧化速率会随水分含量升高而降低。也就是说，在降水增加时，氧气在土壤中的扩散受到限制，甲烷汇会相对有所降低，甚至在大雨过后的渍水期为短暂的甲烷排放期。而当充水孔隙含水量在20%～60%时，气体在土壤中的传输不受限制，水分对甲烷氧化的影响下降，但土壤若发生严重干旱，甲烷氧化菌的活动也被抑制，甲烷吸收汇会受到影响。

58. 旱地生态系统中的甲烷氧化菌有什么特点？

旱地中好气的甲烷氧化菌在氧气存在条件下，可利用甲烷作为唯一的碳源而生长，其氧化甲烷的速率随甲烷浓度的升高而增加。此外，甲烷单加氧酶还能氧化一系列短链化合物，如烷、烯、芳香族化合物，还能降解有机污染物。在铜离子存在的条件下，能够合成更多的单甲酸酶，会增强对甲烷的氧化能力。

甲烷氧化菌的米氏常数Km远高于土壤中甲烷的浓度，其氧化旱地土壤中甲烷的总消耗受到甲烷产生和甲烷向大气中扩散速率的限制。甲烷氧化菌氧化甲烷的特征酶是催化第一步反应的甲烷单加氧酶（MMO），其有两种不同的类型：颗粒状或膜结合态（pMMO）和可溶性甲烷单加氧酶（sMMO）。根据形态、DNA中的GC%含量（即鸟嘌呤+胞嘧啶的含量）、代谢途径、膜结构、主要磷脂酸成分等特征，甲烷氧化菌可分为两种，分别为Ⅰ型和Ⅱ型，分属于变形杆菌纲的γ亚纲和α亚纲；Ⅰ型甲烷氧化菌在允许氧化菌快速生长的环境中占优势，Ⅱ型菌在贫营养环境下能存活得更好并有较广泛的分布。

土壤甲烷氧化菌氧化环境中的甲烷分两个阶段，第一阶段以非常低的速度氧化甲烷，经过诱导阶段进入高速氧化甲烷的第二阶段，在诱导阶段合成相关酶、可激活休眠的甲烷氧化菌使其种群数增长。大多数甲烷氧化菌具有休眠状态，一些甲烷氧化菌的外生孢子和孢囊在干旱和营养缺乏的环境下也能存活，在加入甲烷和氧气的数小时内恢复对甲烷的氧化。

甲烷氧化的最适温度为25～35℃、最适pH为6.6～6.8，但在此最适范围之外，其适应范围依然很大。土壤压实会降低甲烷的氧化能力。

59. 旱地土壤的甲烷氧化能力与土壤深度有什么关系？

旱地土壤中微生物对甲烷的氧化主要发生在相对较浅的

次表层土壤，如 5 ～ 10 cm 的土壤。5 ～ 10 cm 处的次表层土壤中甲烷氧化菌数量最大，活性也最强，甲烷要从大气中扩散到该土层才能达到最大氧化速率。

0 ～ 5 cm 表层土壤较为干燥，会影响甲烷氧化菌的活性。此外，表层土壤中由于施肥、氮沉降或矿化，其中铵的浓度高于下层土壤，也非甲烷氧化菌的最适生存空间。由于氧气扩散受阻，35 cm 以下土层的甲烷氧化能力已很弱。

60. 氮肥对旱地土壤甲烷氧化能力有什么影响？

甲烷氧化菌和土壤中的另一种自养菌——氨氧化菌在氧化底物方面具有相似之处，它们具有高度相似的氨基酸序列及蛋白复合体结构。甲烷氧化菌对氨也有较强的氧化能力，而氨氧化菌对甲烷的氧化能力并不显著。因此，土壤中氨或铵的存在可抑制甲烷单加氧酶对甲烷的氧化能力，也就是说，土壤中的铵离子可以与甲烷竞争甲烷单加氧酶的活性位点而抑制甲烷的氧化。该抑制作用显示了甲烷单加氧酶对甲烷的专一性低，会受到铵离子的竞争性影响。

甲烷氧化菌在 0 ～ 30 cm 土层都有分布，但在 5 ～ 15 cm 土层的甲烷氧化活性最高；而硝化菌则在 0 ～ 5 cm 土层最为集中。旱地土壤中的甲烷好氧氧化在好氧和厌氧的交界面处最为活跃。

铵态氮肥对土壤大气甲烷氧化的抑制作用是不可逆的，有研究证明铵态氮肥在停止施用后 3 年都不能完全恢复土壤对甲烷的氧化作用。硝态氮肥对甲烷氧化能力没有影响。需要说明的是，硝化抑制剂在抑制硝化细菌硝化作用的同时，对甲烷氧化菌也有抑制作用，因此旱地农田由于频繁地施用氮肥，其甲烷汇的强度较弱。

61. 不同地区的森林，其甲烷汇的强度如何？

在不同的自然条件下，土壤的甲烷吸收汇不尽相同，主要受温度、土壤水分和土壤质地的影响。甲烷氧化的适宜温度为 20 ～ 40℃。土壤水分和质地主要通过改变土壤通气性、氧化还原潜势和气体扩散性能来影响土壤甲烷氧化过程。温带森林土壤基本全年均为大气甲烷的汇；而热带雨林土壤则在旱季为甲烷的汇、雨季为甲烷的源；在冷湿的北方森林生态系统中，甲烷吸收汇沿着气候梯度的湿度随土壤水分含量的增加而降低。

森林土壤的甲烷吸收汇，还受土壤表层的枯枝落叶、土壤酸化、氮沉降等的影响。疏松的土壤表层能允许甲烷气体扩散到次表层被氧化掉；土壤酸化会降低森林土壤的甲烷吸收汇（如针叶林）；低量的氮沉降可促进森林生长而对甲烷氧化有一定作用。

62 . 氮沉降如何影响森林土壤的甲烷吸收汇？

目前，关于氮素对甲烷通量的影响主要表现在两个方面。一方面，土壤甲烷氧化菌的繁殖速率在土壤氮含量较低时，受到的限制作用较大，为了减少这种抑制作用并激发甚至大幅提高甲烷氧化菌的繁殖速度，需要加入一定量的氮素；另一方面，在土壤中氮素含量较高时，加入外源氮素则会刺激氨氧化菌的大量繁殖，进而抑制甲烷氧化菌繁殖和活性。

低量的氮沉降，能够补充贫氮的自然生态系统中土壤微生物及森林生物量的生长，因此对甲烷汇有一定的促进作用。但是氮沉降量太高就类似于农田的情况，即施用氮肥会降低土壤的甲烷吸收汇。造成这种抑制作用的原因有两个。一方面是铵抑制了甲烷氧化菌的生长和酶的合成；另一方面是铵促进了氨氧化细菌的活性，与甲烷氧化菌竞争影响了甲烷氧化菌的作用。因此，一定范围内的氮沉降对森林土壤甲烷吸收汇有一定的促进作用。

63. 放牧和割草如何影响草地的甲烷吸收汇？

草地适度放牧可降低地上生物量，改善土壤通气状况，能够增加甲烷吸收汇；但是过度放牧会使土壤紧实、放牧动物排泄物中的氮可能会对甲烷氧化菌有一定作用，影响甲烷吸收通量。

适度割草能促进土壤甲烷氧化菌的甲烷氧化能力，如割去 10 cm 的植被，甲烷吸收汇增加；但割草量若过大，则会使土壤裸露、土壤变干，土壤中微生物活性降低，进而影响微生物的甲烷氧化能力。

第三章

农业生产活动甲烷减排技术

第一节 养殖活动甲烷减排技术

64. 畜牧业甲烷减排的潜力有多大？

在全球尺度，不同国家、地区因为动物饲喂水平和生产效率不同，其温室气体排放强度也存在巨大差异。单位畜产品下温室气体排放越低，排放强度也就越低。通过提高养殖水平缩小排放强度差距，能够显著降低温室气体的排放量，其减排潜力巨大。根据联合国粮农组织的测算，在特定生产系统、区域和气候中的生产者，如果能够采取系统中排放强度最低的前10%生产者的管理措施，在保持总体产量不变的情况下，畜牧业的排放量可以减少30%。另外，不同物种的减排潜力与其排放量有关，牛的减排潜力最大（65%），其次是鸡（14%），再次是水牛（8%），之后是猪（7%）和小型反刍动物（7%）。在牧场尺度，温室气体排放较高的养殖场，通常具有产奶量低、饲料投入高、饲料运输距离长、畜禽管理水平薄弱等特点，这也就意味着其减排潜力会更大。通过加强畜群管理，提高饲喂管理水平等能够很大程度降低排放强度。

65. 提高动物能量利用率，是否就意味着甲烷排放减少？

根据热力学第一定律，能量从一种形式转变为其他形式时，其能量总量不变。简单来讲，如果这里少了一部分能量，则必然会在其他地方多出同等数量的能量，能量的总量只会发生转变和传递而不会消失。所以，在畜禽生产中，动物摄入营养物质作为能量来源用于动物生长和生产的需要，其中涉及的动物体内能量转换和利用的过程同样遵循能量守恒定律。

动物通过消化营养物质，将营养物质中的化学能为自身利用。在摄入一定量的食物或饲料后，未被消化的营养物质和代谢产物等会以粪便的形式排出体外，粪便是食物能量损失最大的部分，损失量取决于饲料的消化率，而去除粪便中的能量就是消化能。在消化能中同样存在一部分不能被动物利用的能量，主要以尿能和甲烷能的形式排出体外，剩下的就是被动物利用的代谢能。

在反刍动物摄入营养物质后，会被瘤胃内的微生物发酵产生甲烷，以气体的形式排出体外。这部分甲烷能占反刍动物摄入总能的2%～12%，如果能利用这部分甲烷能，则动物将会生产出更多的肉和奶。因此，根据能量守恒定律，被动物机体所利用的能量增加就意味着损失的能量将会减少。这部分损失的能量总体体现在粪能、尿能、甲烷能方面。也就是说，甲烷能的减少就意味着动物能量利用率的提高，所以降低反刍动物消化道甲烷排放，无论是对提高动物生产效率还是降低温室气体排放都具有重要意义。

66. 如何提高动物生产性能以减少单位畜产品的甲烷排放量？

以肉、蛋、奶为代表的畜产品为人类提供了丰富的营养物质，随着人们生活水平的提高，对优质畜产品的需求也在不断增加。所以，世界各国都面临关于温室气体减排和畜产品需求增加的矛盾。既要满足人们对畜产品的需求，又要减排温室气体以保护生态环境，最直接有效的办法就是提高动物生产性能。单体动物生产性能的提高，就能减少生产同等数量畜产品所需的饲养量，从而实现降低单位产品的甲烷排放量。提高动物生产性能，可以从以下几方面入手。

（1）以动物的生产性能（产肉、产奶、产蛋、产仔等）为育种目标，采用分子标记育种、全基因组选择育种等手段，提高饲料转化效率的遗传选择，进而提高动物的生产性能，降低生产单位畜产品的甲烷排放量。

（2）提高动物的繁殖性能，通过增加母畜的受胎率、产仔数、幼畜的成活率等来缩短母畜的繁殖间隔，提升母畜的繁殖效率，降低投入成本。

（3）保障动物健康，健康的畜禽能够更加高效地将饲料转化为畜产品，更长的生产寿命也就意味着更多的畜产品生产，从而实现单位动物产品的甲烷排放强度降低。

（4）及时淘汰生产力比较低下或完全没有生产力的畜禽，通过减少畜禽群体数量、提升畜禽群体质量来实现降低甲烷排放强度。

67. 如何科学处理粗饲料以减少甲烷排放?

粗饲料是反刍动物饲粮中重要的组成部分，但其存在消化利用率低、适口性差等特点，限制了粗饲料在反刍动物养殖中的应用。通过技术手段对饲草粗饲料进行加工处理，能够提高其饲料利用率，降低甲烷排放。目前，粗饲料加工技术主要包括物理方法、化学方法和生物发酵处理方法。

（1）物理方法：通过揉丝打捆、粉碎压粒、高温压块、蒸汽爆破和膨化等方式，在不破坏粗饲料化学营养成分的基础上，改变其物理形态和结构特征，从而提高其在动物体内的消化利用率。

（2）化学方法：主要包括对粗饲料进行氨化处理工艺、氧化处理工艺、碱化处理工艺、酸化处理工艺等，通过添加化学试剂，将粗饲料中难以被动物消化利用的木质素和纤维素等进行初步降解，从而提高粗饲料的采食量和消化利用率。

（3）生物发酵处理方法：主要有青贮和微生物处理等。青贮能够长时间保存粗饲料中的营养成分，减少粗饲料浪费和提升产品利用率。另外，通过添加菌种、酶制剂等进行生物发酵处理，初步降解粗饲料中的木质素等纤维，并通过发酵将粗饲料中的无机氮转化为菌体蛋白，提高粗饲料的营养价值和适口性。

68. 如何合理调制饲料以减少甲烷排放？

饲料调制是指饲料在饲喂给畜禽前的加工处理过程。自然状态下的饲料，尽管能够给畜禽提供营养物质，但仍存在适口性差和消化利用率低等特点，影响其利用价值。为了提高饲料的消化利用率，改善饲料的适口性，需要对饲料进行加工调制。调制后的饲料具有更高的消化率，也就意味着更低的饲养成本，更多的畜产品生产，从而实现单位畜产品甲烷排放量的降低。常见的饲料调制工艺如下。

（1）粉碎。通过粉碎机械对谷实类饲料进行粉碎，特别是对坚硬外壳的谷物，粉碎尤其重要。但是需要根据不同畜禽不同生理阶段来确定粉碎粒度大小，以实现饲料的最大化利用。

（2）膨化。通过挤压膨化技术对饲料进行加工调制，能够提高饲料原料的消化利用率，并改善饲料适口性。膨化的过程具有灭菌作用，并能够脱除原始饲料中的毒素。

（3）浸泡。对于油饼类精饲料，可以进行浸泡调制。浸泡后的饲料，能够减轻异味，更易于猪、禽等动物的咀嚼和消化利用。

（4）混合。畜禽饲料来源丰富，通过不同生理阶段的营养调控和不同类型饲料的搭配来设计营养全价日粮，能够最大化满足畜禽的营养需要，提高其生产性能。做好全混合日粮（TMR）调制是基础，通过TMR调制技术来为动物提供均衡的营养物质。

69. 如何通过调整饲粮配方减少动物消化道的甲烷排放？

饲粮的营养成分组成对动物温室气体排放量有较为直接的影响，当动物饲粮的原料来源、组成配比等发生变化时，会直接影响瘤胃发酵和利用过程，进而影响甲烷的产生。

（1）精准饲喂。依据对饲料原料营养成分的精准测定，并根据动物在不同生理阶段对营养的精准需要来设计饲料配方，能够最大限度降低饲料浪费、减少甲烷排放，提高饲料利用率和动物生产性能。

（2）选用优质饲料原料。选用优质玉米青贮替代牧草青贮能够降低反刍动物甲烷排放强度。

（3）优化饲粮精粗比。在保证反刍动物瘤胃健康的前提下，适当提高饲粮中的精料占比，能够有效降低甲烷排放强度。但需要注意的是，在反刍动物饲粮配方中应合理控制精料用量，避免过度使用而导致瘤胃酸中毒，影响反刍动物瘤胃健康和生产性能。

（4）改变饲粮碳水化合物类型。甲烷排放受饲粮中不同中性洗涤纤维（NDF）和非纤维性碳水化合物（NFC）比例的影响。通过调整饲料结构、适当降低饲粮中 NDF/NFC 比例，能够降低奶牛甲烷排放量和排放强度，并且对产奶量、乳成分和日增重等没有负面影响。

（5）适当提高饲粮中的脂类比例。饲粮中每提高 1%（干物质基础）的脂类含量，以干物质采食量为基础的甲烷排放量就减少 5%。通过适当地向饲粮中补充脂肪或油籽等，能够降低甲烷排放。

70. 饲喂植物提取物可以减少动物甲烷排放吗？

植物提取物是以植物为原料来源，通过物理化学等方法加工而得到的一种或多种成分的混合物。其生物活性成分种类多样，包括皂苷、萜类、黄酮类、酚类和生物碱等，具有抗菌、抗氧化、促进动物机体生长和提高免疫力等作用。更由于其具有绿色、天然、无污染等特点，植物提取物常被作为畜禽饲料添加剂开发的重点关注对象。

在甲烷抑制剂方面，很多研究已经证实植物提取物在抑制反刍动物甲烷排放方面表现出较大的潜力，如桑叶黄酮、白藜芦醇、茶皂素、大蒜素、植物精油和博落回提取物等，通过开路式呼吸测热系统（黄金标准）、GreenFeed系统等研究均证实这些植物提取物能够在一定程度上降低反刍动物的甲烷排放量。植物提取物一般会通过调控瘤胃发酵参数和改变瘤胃微生物区系等途径实现反刍动物甲烷排放量的降低。我国植物提取物种类多样，仍存在巨量的未开发资源，这对反刍动物甲烷减排具有很大的研究价值，未来仍然会有大量研究关注植物提取物在反刍动物甲烷减排方面的潜力。

71. 饲喂益生菌可以减少动物消化道甲烷排放吗？

益生菌又常被称为微生态制剂，是指能够直接饲喂于动物并且在动物机体内能以活体的形式存在于动物消化系统并发挥作用的微生物。

大量的研究已经证实，饲喂益生菌（包括热带假丝酵母、植物乳酸杆菌、地衣芽孢杆菌、酿酒酵母等）能够有效减少动物甲烷排放量。饲喂的益生菌能够通过改变动物胃肠道内短链挥发性脂肪酸的结构、瘤胃原虫和产甲烷菌的丰度等影响甲烷的产生。

目前，开发比较多的微生物种类有芽孢杆菌制剂、酵母菌制剂和乳酸菌制剂等，这些益生菌在畜禽生产实践中表现出提高饲料转化效率、抑制胃肠道内病原菌的繁殖、调控瘤胃发酵等作用，从而实现改善动物健康水平，促进动物生长等。尤其是在“养殖减抗、饲料替抗”的背景下，养殖业的绿色发展离不开益生菌等新型饲料添加剂的开发。

72. 如何调控瘤胃微生物菌群以减少甲烷排放？

饲料被反刍动物摄入后，瘤胃内微生物对其分解发酵产生挥发性脂肪酸等成分，进而被动物进一步利用，同时也会伴随产生一些二氧化碳、氢气等，瘤胃内的产甲烷菌能够利用二氧化碳、氢气、甲基营养物、乙酸等产生甲烷。所以针对甲烷产生的途径，目前有多种通过调控瘤胃微生物菌群来减少甲烷排放的路径。

（1）直接抑制。产甲烷菌生成甲烷必须依赖一些关键酶，如辅酶 M 甲基转移酶（*mtr*）和辅酶 M 甲基还原酶（*mcr*）。甲烷类似物（溴仿、氯仿等）能够直接抑制辅酶 M 甲基转移酶的活性，辅酶 M 结构类似物（3-NOP）能够直接抑制辅酶 M 甲基还原酶的活性，从而通过抑制产甲烷菌实现甲烷减排。

（2）去原虫。产甲烷菌通常附着于瘤胃原虫表面与其形成共生体，另外甲烷菌与原虫之间存在种间氢转移，瘤胃原虫为产甲烷菌提供其生长物质，通过添加一些植物提取物（皂苷、茶皂素）等能够实现去原虫而减少甲烷的产生。

（3）改变瘤胃发酵。在瘤胃微生物发酵过程中，会产生短链挥发性脂肪酸，如乙酸、丙酸和丁酸等。其中，乙酸的产生是一个产氢过程，丙酸的产生是耗氢过程，如果通过调控瘤胃微生物，使瘤胃发酵趋向于丙酸发酵提升，乙酸发酵降低，将有利于瘤胃内氢的减少，从而通过降低甲烷产生的前体物质实现甲烷减排。

73. 为实现畜牧业甲烷减排，通过哪些具体的指标来进行动物育种筛选？

通过畜禽育种实现甲烷减排的路径主要有两种：①针对高生产性能性状，选育高生产性能相关性状的畜禽，主要指标包括奶产量与饲料摄入量之比、奶产量、乳成分、饲料利用效率、健康水平、繁殖能力、生产寿命、产犊和体型等性状，以达到养殖过程中降低饲料用量，从而提高畜产品的生产水平，在保证畜产品供给的基础上降低动物的养殖数量，从而实现降低甲烷排放强度的目的。②针对低甲烷排放性状，将低甲烷排放强度作为选育目标具有成本效益、永久性和累积性等优势。据估计，如果饲喂低甲烷排放强度的奶牛，到2050年，能够降低20%～30%的甲烷排放量。

74. 如何饲喂纤维饲料可减少奶牛消化道的甲烷排放？

奶牛瘤胃内生活着大量的微生物，能够高效利用纤维类粗饲料。但如果饲粮中纤维含量过高，奶牛的干物质采食量和营养物质消化率均会降低，甲烷排放会显著增加。所以确定饲粮中合适的纤维含量和结构组成对降低奶牛甲烷排放具有直接作用。

研究表明，饲粮中不同中性洗涤纤维 / 非纤维性碳水化合物（NDF/NFC）的比例对不同泌乳期奶牛甲烷排放量有不同影响：在泌乳高峰期奶牛（88±15d）日粮中 NDF/NFC 分别为 1.14（精粗比为 59 ∶ 41）、1.30（精粗比为 53 ∶ 47）和 1.55（精粗比为 44 ∶ 56）时，甲烷排放量分别为 325 g/d、347 g/d、392 g/d；在泌乳中期奶牛（170±19d）日粮中 NDF/NFC 分别为 1.14（精粗比为 61 ∶ 39）、1.65（精粗比为 53 ∶ 47）和 1.82（精粗比为 46 ∶ 54）时，甲烷排放量分别为 261 g/d、331 g/d、400 g/d；在泌乳后期奶牛（243±15d）日粮中 NDF/NFC 分别为 1.52（精粗比为 44 ∶ 56）、1.96（精粗比为 37 ∶ 63）和 2.10（精粗比为 30 ∶ 70）时，甲烷排放量分别为 242 g/d、329 g/d、396 g/d。

综合这些研究结果，在奶牛不同泌乳期阶段适当降低 NDF/NFC 的比例，能够降低瘤胃甲烷的排放，并且对泌乳期奶牛产奶量、乳成分和日增重不会造成负面影响。

75. 降低反刍动物甲烷排放的饲料添加剂有哪些？它们是如何发挥作用的？

饲喂饲料添加剂能够通过改变反刍动物瘤胃发酵模式或瘤胃微生物区系等途径降低甲烷产生，如添加硝酸盐、硫酸盐、3- 硝基氧基丙醇、离子载体、次生代谢产物等。①硝酸盐、硫酸盐。作为替代电子受体，饲喂硝酸盐能够被还原为亚硝酸盐，再被还原为氨，因为其具有更高的吉布斯能量变化，比二氧化碳还原甲烷反应更加有利，所以硫酸盐和硝酸盐能够与产甲烷菌竞争氢气，从而实现降低甲烷排放。② 3-硝基氧基丙醇。作为产甲烷菌中辅酶 M 甲基还原酶的特异性抑制剂，其能够实现抑制产甲烷菌活性的效果，从而实现降低甲烷排放，目前欧盟已经批准 3- 硝基氧基丙醇作为功能性饲料添加剂。③离子载体。莫能菌素是研究最多的离子载体，其能够通过改变瘤胃发酵模式而降低甲烷排放。④单宁。属于植物多酚的一种，具有抑制产甲烷菌和原虫的能力，但添加量过高会降低干物质采食量，影响饲料转化率。⑤精油。作为一种亲脂性代谢物，其能够调控瘤胃发酵和微生物区系，实现瘤胃甲烷减排。

76. 畜禽养殖农场中粪便甲烷减排的措施有哪些?

由于畜禽粪便中含有未消化分解的有机物，若处理不当，其在分解过程中会排放出相当数量的甲烷和氧化亚氮。为减少甲烷和氧化亚氮的排放，畜禽养殖场的粪污处理方法主要有以下几种。

（1）及时将粪污从畜禽舍内地板清除并进行固液分离，避免其就地固液混合发酵而直接排放温室气体。此外，固液分离后的粪便在烘干后可做养殖场的卧床或垫料，可避免其在水分较高的情况下发酵排放温室气体和其他有害气体，同时也可降低垫料成本，为奶牛提供舒适的环境。

（2）对储存粪便的露天氧化塘进行覆盖，以减少储粪池中粪尿发酵产生的甲烷等温室气体排入大气。

（3）通过向粪便（新鲜粪便或陈化粪便）中添加一定量的酸来降低 pH，抑制粪便中产甲烷菌的活性，以减少甲烷、氧化亚氮和氨气的排放。

（4）厌氧发酵是古生菌在无氧条件下降解有机物产生沼气和其他气体的过程，是将畜禽粪便在控制条件下厌氧发酵、将系统中产生的甲烷或沼气收集起来作为可替代能源使用，生产的沼气能够用于发电、取暖等，减少其他化石能源的使用。沼气生产结束后的沼液，稀释后可作为有机肥用于农场施肥。这种方式是避免粪便处理过程中产生的甲烷排放到大气中的最适宜措施，但需要一定的投资，大型养殖场可以考虑；对于小型养殖场，可以将饲舍规划在沼气厂附近，粪污及时分送到沼气厂进行厌氧发酵，是避免粪便在养殖场内堆放发酵排放甲烷和其他有害气体的最佳方案。

（5）堆肥是一种可控的有机物有氧降解过程。在此过程中将固体粪便与植物物料按一定比例混合，依靠微生物及外加菌剂的作用降解粪便及有机物中的纤维素和其他碳水化合物，之后再进行后熟和腐殖化过程，成为农田可施用的有机肥。

此外，在畜禽养殖系统，除了要减排甲烷，也需要同时关注畜禽粪便的氧化亚氮减排和氨的减排，避免顾此失彼，尽可能达到各种温室气体及其他污染气体（如氨气）的协同减排，各项生产活动都做到环境友好。

77. 肉牛养殖场甲烷减排的关键环节有哪些?

与其他反刍动物生理特性和养殖模式类似，肉牛养殖过程中的甲烷排放主要存在两个环节：①肉牛的消化道发酵：由于饲料在肉牛消化道内发酵所产生甲烷排放，占甲烷排放的绝大部分份额；由于肉牛的饲料结构不同于奶牛，其消化道内甲烷排放系数低于奶牛。②肉牛粪便管理系统：肉牛粪便中的水分含量相比奶牛粪便较低，因此肉牛粪便存贮所产生的甲烷排放也低于奶牛系统。

78. 生猪养殖中如何减少温室气体排放?

生猪产业是我国畜牧业的重要支柱产业，中国 2022 年猪肉产量达到 5 541 万 t，猪的全年出栏量达到 7 亿头。生猪养殖已经向规模化、标准化模式快速转变，但在生猪养殖扩大过程中也带来了巨大的环境压力，生猪成为仅次于牛的第二大畜禽养殖品种。如何减少温室气体排放，推动绿色养殖发展成为需要关注的重要问题。小规模养殖场最好利用周边土地对粪污进行消纳，并同时能提供给生猪辅饲的食物副产物，做到种植养殖循环利用。由于受土地资源的限制，大规模养殖场要在标准的饲养管理系统下，做好减排工作需要从多方面入手。

（1）优化饲粮配方和饲喂工艺。通过添加适宜种类和数量的工业氨基酸，适当降低饲粮中的蛋白水平，提高氮的利用率，降低氧化亚氮等温室气体排放，进而提高生猪生产水平、降低单位畜产品的温室气体排放。

（2）粪污管理。猪粪中含有的氮和有机质等，发酵后会被分解产生大量的温室气体。规模化猪场需采取粪水分离，降低粪污处理量，提高粪污处理效率。分离后的固体粪便可经堆肥后还田利用。

（3）能源管理。规模化生猪养殖场场区较大，可在场区内进行绿化，增加碳汇。另外，可在养殖场其他空间增加风能、太阳能和沼气能等绿色能源，降低燃油消耗。

（4）控制死亡率。病死猪的处理会附带产生大量的温室气体。有效控制猪疾病率和死亡率，不仅能够降低饲养成本，也能减少温室气体排放。

79. 家禽养殖中如何减少温室气体排放？

鸡蛋和鸡肉作为餐桌上常见的食品，为人类提供了丰富的营养。根据国家统计局的数据，中国市场中禽肉的供应量仅次于猪肉。想要满足如此巨量的需求就需要养殖更多的家禽，而随着规模的不断扩大，家禽养殖环节中温室气体排放问题也愈加不容忽视。家禽养殖想要减少温室气体排放，需从3个方面入手。

首先是源头减量。通过改变畜禽饲粮结构或添加益生菌、植物提取物等饲料添加剂来提高家禽对饲粮营养物质的利用率，既能够通过降低饲料用量节约成本，又能够增加动物生产性能、降低温室气体排放强度（生产单位产品的温室气体排放量）。

其次是过程控制。在规模化家禽养殖中建立标准化操作流程，通过精准控制养殖各生产环节，降低单位产品的能耗。因地制宜布局风能、太阳能等绿色可再生能源。

最后是末端利用。家禽养殖场的粪污发酵会产生大量温室气体，建立标准化粪污处理流程，比如厌氧发酵、堆肥等来降低碳排放，并通过种养结合技术实现废物资源再利用。

80. 水禽养殖中如何减少温室气体排放？

近年来，中国水禽产业发展迅速、养殖规模不断扩大，但相较于其他畜禽养殖业，水禽养殖模式仍较为落后，尤其是水禽养殖过程中排泄物多直接排放于环境中，对水体、土壤和大气造成污染。想要实现水禽养殖减少温室气体排放，需要从以下几个方面入手。

（1）构建生态养殖模式。对于水禽散养户，打造稻鸭共作模式、鱼鸭混养模式，以及林间种草养鹅模式等，能够实现环境自净、降低生产成本、改善鸭肉品质等，构建一个相互促进、共同生长的循环型生态模式，实现经济效益和生态效益的最大化。但目前这些循环生态模式尚未得到广泛应用，需因地制宜地加强推广。

（2）粪污处理。对于集约化养殖企业，粪污产生量大且较为集中，粪污发酵产生的温室气体更不容小觑。可以利用生物处理技术，对集中产生的粪污进行处理，对粪污中未消化利用的营养物质通过技术手段进行循环再转化利用。

（3）饲料加工。通过物理、化学、生物发酵等技术手段处理饲料，提高水禽对饲料的消化利用率，减少碳氮排泄，降低环境污染，减少温室气体排放。

81. 养殖业甲烷减排过程中成本如何核算？

养殖业甲烷减排过程中的成本核算问题，与采取的甲烷减排措施密切相关。当采取饲养管理手段时，主要通过调整饲粮结构或添加能够抑制甲烷排放的饲料添加剂来实现，而饲粮结构的调整或在饲粮中额外添加甲烷抑制剂，这毫无疑问会带来饲喂成本的改变，可以对比日粮配方调整前后的成本和畜禽产品产量的变化来核算产投比。具体核算手段可通过构建产投比综合模型来实现，比如用数学规划模型来优化饲粮结构、应用决策模型优化最低饲粮成本算法来最大限度降低氮磷排放、通过马尔可夫模型优化政策制定来降低温室气体排放。建立数据库（甲烷排放基础数据库、饲料原料及成本数据库、畜产品生产数据库等）并基于数据库构建模型帮助管理者在饲喂成本和甲烷排放之间作出权衡，以选择最低饲粮成本配方，实现最大化甲烷减排和畜产品生产。

以奶牛养殖场为例，甲烷作为一种能量浪费，奶牛养殖场甲烷绝对排放量越高，每采食 1 kg 干物质和每生产 1 kg 标准乳排放的甲烷就越多，浪费的饲粮总能也就越多。而研究发现，每减少 1 kg 甲烷的排放，反刍动物就可以多产出 17.7 kg 标准乳或 1.3 kg 牛肉，因此甲烷减排对提高畜牧业总体经济效益有积极作用，能够实现经济效益和生态效益的“双赢”。

82. 养殖过程中甲烷可以通过回收进行利用吗？具体方法有哪些？

畜禽养殖是我国农业农村经济发展的重要支柱产业，近几年得到快速发展。随着传统散户养殖向规模化养殖转变，畜禽养殖过程中产生的粪便集中排放，粪便处理面临的环境压力也越来越大。回收利用养殖过程中产生的甲烷，对降低温室气体排放和减少环境污染具有重要意义。

目前，规模化畜禽养殖场主要通过集中收集粪便来发酵以回收沼气并作为养殖场的能源使用。规模化养殖场每天会产生大量的动物粪便废弃物，这些废弃物中含有未被动物消化利用的有机物质，可通过粪便管理系统将粪便回收并进行厌氧发酵以产生沼气，其主要气体成分是甲烷。沼气发酵主要分湿式发酵和干式发酵，湿式发酵技术成熟且已经得到广泛应用，另外湿式发酵沼液量大，需要考虑还田利用的饱和度。干式发酵作为新兴技术有待推广应用。经发酵产生的沼气进行收集、加工、纯化和压缩后，可作为清洁能源提供给养殖场使用。

83. 养殖业畜禽粪便处理中甲烷减排是否会引起其他温室气体排放？如何避免？

畜禽粪便管理中多采用覆盖氧化塘、粪便酸化、厌氧消化和堆肥等措施来降低养殖业中甲烷的排放。但在畜禽粪便处理中，一些措施在减排甲烷的情况下可能会引起氧化亚氮排放量的增加。而氧化亚氮作为强效温室气体之一，在100年的时间尺度下，其增温潜势是二氧化碳的273倍，长期尺度上比甲烷的增温潜势更高。所以在粪便处理中既要做到甲烷减排，又要降低氧化亚氮的排放。

（1）覆盖氧化塘中覆盖物材质的不同会直接影响甲烷和氧化亚氮的排放量。使用秸秆覆盖对奶牛粪便中氧化亚氮的释放具有促进作用，应尽量避免使用。另外半透水覆盖虽然能够降低氨气和甲烷的排放，但是由于表面好氧条件会促进硝化作用，同时水面下又创造了促进反硝化作用的低氧环境，两个环境条件均会加剧氧化亚氮的释放。因此，在实际应用中需要在相应操作方面进行调整和改良，尽可能减少各种温室气体的排放。

（2）堆肥作为有机物的有氧降解过程，其过程中会产生氧化亚氮温室气体。可通过优化堆肥工艺，比如适当减少翻堆频率、堆肥高温期后通风、添加功能菌剂和生物质炭作为吸附剂等措施来抑制氧化亚氮的排放。

（3）粪肥施用的方法会直接影响甲烷和氧化亚氮气体的释放，相较反刍动物肠道发酵产生的甲烷，粪肥施用后产生的甲烷排放量并不多，而氧化亚氮是其施用后主要产生的温室气体。在粪肥施用前，可通过分离粪便固体、稀释和厌氧降解等手段进行预处理；在施用的过程中，可采用稀释和灌注的形式来降低氧化亚氮的排放。

84. 相较集中养殖环境，放牧方式下减少甲烷排放的途径或技术有哪些？

天然放牧型畜牧业是甲烷排放的重要来源之一，由于天然牧草数量和营养价值呈现季节性波动的特点，放牧反刍动物的生产效率较规模化集中养殖模式低，生产单位畜产品的甲烷排放量较高。改善放牧管理对缓解反刍动物甲烷排放具有非常大的潜力和空间。具体途径如下：

（1）控制载畜量。在放牧管理系统中，载畜量是指不同生态系统下草场所能承受的最大放牧压力。载畜量的大小直接影响牧草的高度和生物量，进而影响放牧反刍动物的采食量和甲烷排放量。另外，放牧强度直接影响草地对甲烷的吸收，放牧强度越高，土壤对甲烷吸收的能力越弱。中国草地生态系统的放牧强度每公顷应低于每年 2 个羊单位，以最大化抵消放牧反刍动物的甲烷排放。

（2）提高牧草质量，降低牧草成熟度。优质的牧草能够提高反刍动物的消化率和饲料转化率，降低生产单位畜产品的甲烷排放量。成熟后期的牧草，木质化程度更高，放牧反刍动物摄入后会提高瘤胃中乙酸含量比例，增加甲烷排放量。

（3）补饲脂质。能量通常是放牧系统中最容易受到限制的营养素，通过补饲脂质，能够增加能量摄入，提高动物生产水平。另外，补饲脂质已被证明可以降低放牧系统中肉牛和奶牛 60% 的甲烷排放量。但是在应用时应控制添加量，一是控制成本，二是降低对干物质采食量的影响。

（4）饲喂甲烷抑制剂。放牧系统中饲喂反刍动物甲烷抑制剂，能够直接降低甲烷排放量。目前关注度较高的抑制剂有硝酸盐、3- 硝基氧基丙醇、海藻、单宁等，需要结合观察抑制剂使用对动物健康状况的影响进行适当调整和评估。

85. 如何通过增加碳固存实现养殖活动相关的温室气体减排？

（1）降低土地利用变化。养殖场和饲料作物种植的扩张所带来的温室气体排放占畜牧业排放量的 9%，通过降低畜牧生产相关的土地利用转换率，可以减少畜牧业温室气体排放量。比如巴西作为全球大豆供给的主要产地，其大豆种植面积不断扩张，森林面积不断压缩。为了实现碳减排目标，巴西承诺将降低亚马孙和塞拉多地区的森林砍伐率，减少土地利用变化，增加碳固存水平。

（2）增加草原土壤的碳固存。根据联合国粮农组织发布的数据，通过优化草原放牧管理，全球每年可固存碳约 4.09 亿 t。通过在草原地区播种豆科作物，在 20 年的时间尺度下每年可再固存 1.76 亿 t 碳。另外也可以通过改善草场、调整放牧范围等综合措施来增加草原的碳固存潜力。

第二节　农田甲烷减排及增汇技术

86. 中国不同地区的水稻种植面积如何？各地区的水稻排放因子有何差异？

中国近5年水稻种植面积约4.45亿亩，其中华中和华南地区种植面积最大，占比约35%，包括湖北、湖南、河南、广东、广西、海南等省份，种植模式中单季稻、早稻、晚稻都有。华东地区的种植面积次之，占比约32%，包括江苏、江西、安徽、福建、浙江、山东、上海等省份，也同样是单季稻、早稻、晚稻都有种植。第三大种植区是东北地区，包括黑龙江、吉林、辽宁等省份，种植面积占全国水稻种植面积的17.4%；东北地区水稻种植面积从2003年以后一直呈增加趋势，到2013年后基本稳定在每年6 700万亩的水平。第四大种植区是西南地区，水稻种植面积占比约13.6%，包括四川、贵州、云南、重庆等省份，该区近5年水稻种植面积略有下降，种植模式较为多样化，单季稻、早稻、晚稻都有种植。华北地区（包括北京、天津、河北、山西、内蒙古等）和西北地区（包括陕西、甘肃、青海、宁夏、新疆）的水稻种植面积最少，分别占全国水稻种植面积的1%和0.8%，主要种植单季稻。

由于地理分布、土壤类型、气候状况、水资源状况均不同，不同生态种植区的水稻种植管理模式也不尽相同，水稻种植的甲烷排放因子（单位面积水稻田的甲烷排放量）也有差异。研究人员通过监测发现，中国不同生态区水稻种植的甲烷排放因子在 10 ～ 16 $kgCH_4$/ 亩；在同一生态区内，不同水稻种植类型的排放因子为晚稻＞中稻＞早稻。各生态区单位面积稻田的甲烷排放因子依次为华中和华南＞华北和西北＞华东＞东北＞西南，各区水稻种植的甲烷总排放量是该区内各类型稻田的种植面积与相应类型稻田甲烷排放因子乘积之和。各区域稻田甲烷排放总量从高到低依次为华东地区、华中地区、华南地区、东北地区、西南地区、西北地区、华北地区。

由于不同地区水稻单产也各异，经常应用单位水稻产量的甲烷排放量来表示水稻种植的甲烷排放量。中国各生态种植区中，单位水稻产量的甲烷排放量以华南地区最高，约为每生产 1 kg 水稻排放甲烷 1.246 kg Ce，其他各区域由高到低依次为华中地区、华东地区、华北地区、西北地区、东北地区，西南地区为最低，约 0.606 kg Ce/kg 水稻。

87. 不同地区的稻田如何有效地进行甲烷减排？有哪些针对性的管理措施？

稻田甲烷减排的技术，在各生态区都可进行具体应用。如采取节水灌溉技术、筛选高产低排放品种、使用甲烷抑制剂、避免秸秆直接还田于稻季等。不过由于不同生态种植区的气候、地形、土壤及水资源状况不同，各地需要因地制宜采用一些更具当地特色的技术，以更有效地控制稻田甲烷排放。

例如，南方地区土壤多为酸性土壤，可有针对性地施用一些土壤调理剂，主要包括一些电子受体，如生物质炭、石灰和增氧剂等。电子受体主要作用是降低甲烷厌氧氧化过程中甲烷底物的浓度，从而减少稻田甲烷排放，如施用硫酸铵等；酸土施用生石灰氧化钙做增氧剂，其与水发生反应产生氧气，从而抑制甲烷产生菌且增强甲烷氧化菌的活性，进而减少甲烷排放，还能对南方酸土起到改良作用。

在排水不良的南方丘陵稻作区，可结合增施生物质炭、石灰、过氧化钙或进行稻、鸭综合种养等措施抑制甲烷产生，减少稻田甲烷排放。

此外，南方地区全年水热状况较好，可考虑调整种植模式，实行水旱两熟或多熟制种植，以改善土壤理化性状，采用秸秆和绿肥还田的“旱耕湿整好氧”耕作措施，达到大幅减排甲烷的目的。

针对西南地区、东北地区、华北地区、西北地区稻田甲烷排放量相对较低、水稻生育期内雨水相对较少等特点，可以在选用丰产低排水稻品种的基础上，采取水稻种植前进行测土配方施肥或施用控释氮肥等方式，提高稻田养分利用率，可同时避免养分浪费，减少氧化亚氮排放。此外，适当少耕或免耕，可促进稻田甲烷氧化，阻碍稻田甲烷传输。在经济条件允许的高产区，可以增施硫酸铵和甲烷抑制剂等减排产品，降低稻田甲烷排放。

88. 如何通过水分管理方式控制稻田甲烷排放?

淹水是造成稻田土壤排放甲烷的原因之一，因此合理的水分管理对稻田甲烷减排非常关键。一般来讲，水稻种植期间淹水的水层厚度越厚、淹水的持续时间越长，稻田甲烷排放量就越大。

因此，实际生产中需要将稻田的灌排系统建设完善，做到需要的时候能尽快灌溉，特别是降雨量大、淹水高度太高时能够及时排水。此外，在水分管理过程中，尽可能按照水稻的需水规律，采取“前期湿润灌溉—中期晒田—后期干湿交替—成熟前落干晒田”的模式，或采取干湿交替 / 间歇灌溉等节水灌溉技术，在不影响水稻产量的前提下，尽量保持较短时间及较低的田面水高度，以减少甲烷排放。

有研究显示，相较长期淹灌，中期晒田不仅能控制无效分蘖、增加水稻产量，还能减排甲烷 20% ～ 60%。干湿交替模式能够减排甲烷 50% 左右。在技术实施方面，一般可以在移栽后 2 ～ 3 周时，田间落干至地下水位达到土壤表面以下 10 ～ 15 cm 的水平时开始。一旦稻田水位降低到此阈值，可以立即进行灌溉至田间水位达地表以上 3 ～ 5 cm。“-15 cm”被认为是安全的稻田地下水位条件，在此情况下水稻不会产生干旱胁迫，产量也不会降低，而且一定程度的干湿交替，其减排效果与表土的水分状况相关，表土水分含量一旦超过阈值，甲烷减排效果无明显提升。

89. 秸秆处理和耕作方式如何结合能够使稻田甲烷大幅减排？

淹水和新鲜有机物存在是稻田甲烷排放的两大关键要素，因此从甲烷减排层面来考虑，控制新鲜有机物直接还田到稻田是减排甲烷的关键手段。

稻草还田和耕作对稻田温室气体排放强度有显著的交互效应，因此，不同生态种植区应根据生态区的特点采取有针对性的措施。免耕能减少土壤扰动和耕层有机质周转，抑制产甲烷菌对土壤碳源的获取，因此能在一定程度抑制甲烷产生。

对于双季稻地区，应尽量避免早稻秸秆还田于晚稻田；而晚稻收获后有3个月的冬闲期，因此晚稻秸秆可以就地还田后进行好氧分解。对于早稻秸秆，若要还田则最好采取留高茬免耕或条带还田的方式，可以避免在晚稻早期淹水泡田期间秸秆集中发生厌氧腐解而释放出甲烷。有试验表明，早稻秸秆高留茬还田于晚稻田，免耕比翻耕减少甲烷排放达20%～30%。

对于单季稻区，水稻秸秆还田于后季旱作期不产生甲烷排放，建议采取秸秆还田方式以用地养地，提高土壤碳储量。

90. 稻田秸秆如何还田才能减排甲烷或实现甲烷零排放？

秸秆中的有机碳是绿色植物通过地上部绿色叶片的光合作用而固定的大气碳，若能将其中的碳长期封存并用于修复和改良土壤可起到土壤固碳的作用。水稻成熟后在收获稻谷的同时，其秸秆产量也比较可观，秸秆产量与稻谷产量相当甚至高于稻谷产量（水稻的草谷比一般按1.08 ∶ 1折算）。秸秆大量还田一方面需要大量的机械作业配合，另一方面还田的秸秆在水稻淹水期促进甲烷排放的作用巨大（甲烷排放增加 15% ~ 25%）。因此，若能将水稻秸秆集中收集起来就地制成生物质炭施入稻田，则既可将秸秆中所固定的碳长期保存下来，生物质炭的疏松多孔性质还能提高稻田土壤的通气性，在间歇灌溉条件下可促进甲烷氧化，相较秸秆直接还田减少甲烷排放 15% ~ 20%。如果在生物质炭制造过程中保持节能低耗，加之其对碳的固定，水稻秸秆还田则能够实现甲烷零排放。

91. 节水抗旱稻的培育及发展情况如何？其甲烷减排效果如何？

农业用水量占我国国民用水总量的 70%，而水稻用水量又占整个农业用水量的 70%，因此培育节水抗旱稻不但能大幅降低农业生产的水足迹，而且可为水稻生产甲烷减排做出贡献。目前，“水旱稻杂交育种”依然是培育节水抗旱稻的有效途径。由于抗旱性的遗传基础极其复杂，涉及多个基因、基因网络、基因互作、转录调控、表观遗传及修饰组学等方面，因此，目前还无法精准通过分子育种手段定向培育水稻抗旱品种。

针对育种目的设置不同环境下进行的水稻品种培育，能够使抗旱基因及其网络世代传递，同时还能整合水稻的其他多种有利性状，是当前节水抗旱稻育种的主要途径。由于品种的抗旱性能综合反映品种在干旱胁迫下生存与生产能力的总体表现，在育种后代的选择过程中需根据不同的目标环境进行交叉选择。例如，在没有犁底层的山地，需要进行避旱性选择；在水田旱种，需要进行耐旱性选择；在高产栽培区，需要进行产量选择，以全面整合避旱性、耐旱性和高水分利用效率的目标品种。

此外，抗旱品种筛选和培育成功之后，其种植过程中的全程管理，如灌溉管理技术，以及其他施肥、病虫害、杂草控制等技术都需要进行摸索与改进，以获得节水、高产、低排放等多目标要求。

目前，较为成功的节水抗旱稻是由上海市农业生物基因中心培育出的“旱优”系列节水抗旱稻，其采用“水旱交”结合在不同目标环境下进行选择，已育成多个节水抗旱稻品种，在安徽、浙江、广西等省份进行了大面积推广，亩产达到 700 ～ 750 kg。目前，节水抗旱稻在中国多个省份的种植面积已经超过 300 万亩，并且在非洲的博茨瓦纳、乌干达等缺水干旱国家也进行了推广。

测定数据显示，与传统水稻相比，节水抗旱稻在有灌溉条件的高产田，可节水 50% 以上，甲烷在不同年份减排高达 68% ～ 90%，节水减排效果非常显著。

92. 稻渔模式能否减少稻田甲烷排放？

相较于常规水稻单作模式，中国及东南亚各国传统农业中有一些“稻渔共存复合模式”，其中的“渔”是指部分阶段或全部生长阶段生活在水体中的动物，如鸭、鱼、蟹、虾、鳖等，是利用稻田浅水环境在种植水稻的同时放养一定数量的水产动物的农作方式。近 20 多年来，该模式在我国快速发展，形成稻鱼、稻鸭、稻鳖、稻虾、稻蟹、稻鳅、稻螺等多样化模式，成为一类独特的稻作系统。稻渔系统在不额外增加耕地面积的前提下生产水产品，提高了土地利用效率，同时还具有水稻稳产甚至增产的作用，这些模式对提高稻田产出与水土资源利用效率、增加农民收入及发展绿色水稻生产均有重要意义。关于稻渔模式对稻田固碳及温室气体排放的影响，目前还未有统一的结论，其影响因素及需要关注的是，生产中若能趋利避害，则能助力稻田固碳减排。

在稻渔模式中，系统的甲烷排放与“渔”的类型、数量，以及该水生动物活动的水层深度有关。水产动物的种类及其活动的水层深度对甲烷排放有显著影响，这可能是由于不同种类的鱼在水中的生态位不同导致的。例如，普通鲤鱼是杂食性的底层食腐动物，它们在土壤中寻找食物的习惯会促进甲烷从土壤中扩散，从而通过水稻植株排放到大气中；而卡特拉鲃鱼（*Catla catla*）、露斯塔野鲮（*Labeo rohita*）等主要在水的中上层活动，能加大溶氧量，但对土壤的扰动较小，可增加甲烷的氧化作用。如果水产动物在深层水活动，则会使水体浑浊并导致水中溶解氧含量下降，甲烷氧化可能会受到影响。此外，若水产动物投放密度过高，过多的排泄物则为产甲烷菌提供额外的碳源，动物呼吸作用消耗更多氧气而形成厌氧环境，导致产甲烷菌的活性增加，甲烷排放也相应增加。

在稻渔系统中，水稻为水产动物提供荫蔽场所，同时附着在水稻上的生物及稻田中的微生物等为水产动物提供了额外的食物资源，水产动物的粪便也可作为水稻的养分来源，因此可以通过水稻和水产动物两种生物之间资源的互补，实现化肥农药的减量，缓解水稻集约化生产中大量投入化肥农药所带来的环境污染问题。

93. 稻田甲烷减排的同时如何兼顾氧化亚氮减排？

稻田减排甲烷，最重要的抓手就是控制水分和新鲜有机物。淹水造成厌氧环境是稻田甲烷产生的必要条件，因此一些甲烷减排措施包括中期晒田、间歇灌溉、湿润灌溉、旱稻旱管等，都从降低稻田水层厚度及时间方面入手。然而，稻田土壤在水分落干期间，土壤中氮素的硝化和反硝化作用会释放出另外一种温室气体——氧化亚氮，而在100年尺度上氧化亚氮气体的全球增温潜势是甲烷的11倍，因此在土壤落干期间要注意避免过多氧化亚氮的排放，保证水稻全生育期的温室气体排放总量都在较低水平。

稻田土壤落干期间避免氧化亚氮排放的具体措施包括：①避免过量施用氮肥、按照土壤肥力和水稻目标产量科学确定氮肥用量；②氮肥尽量采用缓释肥或含有脲酶抑制剂和硝化抑制剂的稳定性氮肥，延缓过快的尿素水解和硝化作用，减少氧化亚氮排放；③避免氮肥单次用量过高，氮肥可在水稻生长关键期分次施用（大部分缓释肥在水稻上的适用性较差），根据水稻植株长势及人力情况分3～4次施用，如氮肥分为基肥、分蘖肥、穗肥、粒肥等少量多次施用。

第四章

农业领域甲烷减排政策及实践

94. 甲烷排放的监测、报告和核证（MRV）指的是什么？

温室气体减排的MRV指温室气体减排的监测（Monitoring）、报告（Reporting）和核证（Verification）。甲烷排放的MRV指对甲烷减排活动或项目的监测、报告和核证，也是可测量（Measurable）、可报告（Reportable）、可核查（Verifiable）的缩写。MRV原则是源自国际社会的“国家适当减缓行动”中对于温室气体排放和减排量核算的规则，它是《联合国气候变化框架公约》和《京都议定书》下允许发达国家之间进行联合履约机制（JI）及发达国家与发展中国家间进行减排量交易的清洁发展机制（CDM）得以实现的基础，也成为各国相互建立温室气体排放权交易的原则与基础。

监测。监测是指排放主体为获取与自身温室气体排放相关的数据所开展的一系列活动，包括监测计划的制订和监测的实施等。排放主体在报告期开始前应制定并向主管部门提交监测计划，监测计划应包含以下内容：①排放主体的基本信息。包括排放主体名称、报告年度、行业代码、组织机构代码、法定代表人、经营地址、通信地址和联系人等。②排放主体的边界。③核算方法的选择和相关说明。选择基于计算的方法时，若采用排放因子法，则应对活动水平数据的获取和相关参数的选择及获取方式进行说明；若采用检测值的参数，还应提供检测说明；若采用物料平衡法，则应对方法内容作相关说明；若选择基于测量的方法，则应对测量的实施和操作进行说明，包括仪器选取、技术性能、安装位置和运行管理等。④可能存在的不确定性及拟采取的措施。监测计划在同一报告期内原则上不得更改，若发生更改，则应上报主管部门。排放主体应对监测计划的更改进行完整的记录。若采用基于测量的方法，排放主体则应对温室气体排放的浓度或体积进行监测，可采用实时监测或其他方式。

报告。温室气体排放量报告，由排放主体编制，经第三方核查机构核查，由排放主体提交主管部门。除了项目的主题信息等常规资料，监测报告应特别包括温室气体排放核算方法。①若采用基于计算的方法，则应报告计算内容：若选用排放因子法，则还应报告不同类别活动水平的排放因子。②若选用物料平衡法，则应报告输入实物量、输出实物量等的量值及来源等相关信息。③若采用基于测量的方法，则应报告排放源的测量值、连续测量时间及相关操作说明等内容。此外，还应当报告不确定性产生的原因及降低不确定性的方法说明及其他应说明的情况（如二氧化碳的清除等）。为使报告准确可信，排放主体可通过以下措施对数据的获取与处理进行质量控制，包括采用纵向方法和横向方法对数据进行复查和验证；定期对测量仪器进行校准、调整；记录并保存关键资料和数据，保存时间不少于 5 年。

核证。核证是指第三方机构对排放主体出具的排放报告进行核证，包括检查报告中的计算方法、计算过程，以及直接到现场进行全面核实、查证的过程。其主要作用是查找不符合项，并上报监测和报告过程中出现的错误，对监测报告中的数据进行核验，以确保温室气体减排量真实、准确。一般是根据报告所描述的相关技术规范，对重点排放单位甲烷排放量和相关信息进行全面核实、查证的过程。标准的核查程序包括建立核查技术工作组、文件评审、确定现场核查范围、建立现场核查组、实施现场核查以及核查结论6个环节，并将核查结果上报相关部门或平台。

农业项目或农业企业的温室气体减排核证也需要进行监测、报告与核证，以确认其碳信用。

95. 什么是CCER？其作用是什么？

国家核证自愿减排量（China Certified Emission Reductions，CCER）是指对中国境内可再生能源、林业碳汇、甲烷利用等项目的温室气体减排效果进行量化核证，并在国家温室气体自愿减排交易注册登记系统中登记的温室气体减排量。CCER项目业主在减排成本较低的地区开发CCER项目，通过市场交易的手段在市场上出售CCER，同时获得对自愿减排行为的补偿。

CCER由国家认可的、具备资质的第三方机构来核证。由于CCER第三方机构的专业性和技术性较强，在审定与核查机构的项目质量控制方面发挥着关键性作用。审定与核查机构作为一支专业化的技术队伍，为确保其工作的科学性、独立性和公正性，审定与核查机构的准入设置有一定要求。中国目前自愿减排交易机制中的审定与核查，由国家市场监督管理总局按照《中华人民共和国认证认可条例》的相关规定，对审定与核查机构进行从业资质的行政审批，机构准入的资质条件由国家市场监督管理总局与生态环境部会商确定，国家市场监督管理总局会同生态环境部对审定与核查机构及其从业行为进行监督管理。

96. 甲烷减排项目中的边界、基线分别指什么？

边界，通常指生产经营活动相关的温室气体排放的范围。系统边界的界定是碳足迹计算的基础和前提，不同的系统边界的划定对生命周期碳足迹有显著的影响。对于企业来说，需要核算的有两个边界，一个是企业边界，顾名思义核算的是厂区内所有生产设施产生的温室气体排放；另一个是履约边界，又称补充数据表边界，核算的是项目边界。因为两个边界的排放量都是排放报告的重要计算结果，所以两个边界的确定都很重要。系统边界可根据产品碳足迹评价预期用途的不同而设定，一般包含两种形式：整个生命周期阶段（从“摇篮”到“坟墓”）和原材料获取到产品离开生产组织（从“摇篮”到“大门”）。

根据IPCC专业术语解释，基线（基准）是衡量变化所依据的条件。基线情景并非预测未来，而是不实施某类甲烷减排项目将会发生的情景，与实施甲烷减排项目的情景相对比。通过计算基线情景和甲烷减排项目实施后的情景之间的甲烷排放的差值来评估甲烷减排量。

97. 农业生产中哪些技术可以被开发为甲烷减排方法学？

《中国气候变化第三次国家信息通报》显示，我国农业活动产生的温室气体排放量约8.28亿tCO_2e，其中主要是以甲烷的形式排放。反刍动物肠道发酵和粪便管理中甲烷排放是我国最大的农业温室气体排放源。甲烷减排的措施主要围绕着农业生产中源头减排、过程控制和末端处理进行，可针对这3个环节开发农业活动甲烷减排方法学。

对于畜禽养殖系统，甲烷减排可开发的项目场景主要有：①改变反刍动物饲粮结构。通过适当提高饲粮中精饲料的比例，降低NDF/NFC（中性洗涤纤维与非纤维性碳水化合物之比，表示饲料中难消化组分的占比）的比例等实现降低甲烷排放。②添加抑制剂。添加能够抑制甲烷排放的饲料添加剂，比如植物提取物、益生菌酶制剂和小分子化合物等。③粪便堆肥管理系统。通过粪便固液分离、堆肥和酸化等措施实现降低粪便发酵产生甲烷。④沼气回收利用。将集中回收到的粪便进行厌氧发酵，产生的沼气，作为清洁能源使用。最后通过核算对比基线情景和项目场景下的甲烷排放量，明确甲烷减排强度。

对于种植业系统，甲烷减排方法学可开发的方面包括：①以稻田水分管理为主题的节水灌溉及水稻种植全过程管理，是整地、施肥、耕作、灌溉、收获等各环节，特别是水稻各生育期的淹水层厚度、灌溉原则和标准，以及不同灌溉管理方式下的甲烷和氧化亚氮排放参数等。②以水稻秸秆处理为主题的稻田甲烷减排和固碳技术及其固碳减排方法和相关参数，如秸秆过腹还田全过程的规程（包括青贮或黄贮技术、堆肥料配比及菌剂添加和工艺流程、还田量及不同地区还田后的固碳及排放参数等）；秸秆炭化为生物质炭还田的固碳减排效应，也可发展为方法学，同时也需要监测生物质炭裂解过程中的碳排放，监测活动生命周期内全链条的温室气体排放，并提出各环节主要排放参数。③水稻旱作技术方法开发，可明确列出适宜不同地区、不同生育期的早稻、晚稻、单季稻品种、旱作全过程的种植管理技术、减排参数等。

98. 在农业农村固碳减排及甲烷减排方面，我国国家层面有哪些具体的政策措施？

气候变化已是国际共识，需要世界各国都积极参与及行动，中国作为人口众多、资源不足的发展中国家一直非常重视并积极应对气候变化，早在2003年“低碳经济”概念提出之初，中国就将生态环境保护与节能减排纳入经济发展的主题；2010年，中国政府在哥本哈根气候变化大会召开之前做出了自主减排承诺，承诺到2020年单位国内生产总值（GDP）二氧化碳排放比2005年下降40%～45%；2012年，中国共产党第十八次全国代表大会将生态文明建设纳入了中国特色社会主义事业“五位一体”总体布局，确立了“创新、协调、绿色、开放、共享”的新发展理念；2015年巴黎气候变化大会开幕式上，中国政府提出国家自主贡献目标，承诺到2030年单位国内生产总值二氧化碳排放比2005年降低60%～65%；2020年第七十五届联合国大会一般性辩论上，中国宣布提高国家自主贡献力度，力争2030年前二氧化碳排放达到峰值，努力争取2060年前实现碳中和。

在涉及农业减排的综合性政策方面，早在2007年，为响应《联合国气候变化框架公约》，《中国应对气候变化国家方案》应运而生，并在农业碳减排和固碳方面提出了较为全面的技术和管理措施。国务院于2011年发布的《中国应对气候变化的政策与行动（2011）》白皮书进一步强调了“加快畜牧业生产方式转变”“启动实施土壤有机质提升补贴项目”及“提高农田和草地碳汇”。由于大气污染物与温室气体同根同源，因此2015年修订通过的《中华人民共和国大气污染防治法》也将控制农业源的排放纳入减污降碳治理中。

涉及低碳农业发展的综合性政策始于2015年的《全国农业可持续发展规划（2015—2030年）》，该规划对未来农业的可持续发展进行了整体的宏观设计与布局，是中国农业可持续发展的纲领性文件。2016年，国务院发布了《“十三五”控制温室气体排放工作方案》，在明确全国碳减排目标的同时，细化了各产业和各区域的行动方案和控制目标，针对农业领域提出“要大力发展低碳农业，坚持减缓与适应协同，降低农业领域温室气体排放”，并对控制农田和畜禽养殖的温室气体排放提出了相关措施要求。在农业绿色补贴方面，2016年，财政部和农业部联合印发《建立以绿色生态为导向的农业补贴制度改革方案》，该方案强调以改革和完善现有补贴为切入点，在确保国家粮食安全和农民收入稳定增长的前提下，突出绿色生态导向，增量资金重点向资源节约型、环境友好型农业倾斜，促进农业结构调整，加快转变农业发展方式。2017年，农业部印发的《“十三五”农业农村科技创新专项规划》涵盖了与农业碳排放源和碳汇相关的主要技术，并着力推进技术示范项目，为农业领域的减排固氮技术提供了重要指导。2021年8月，农业农村部等6部门联合印发《“十四五”全国农业绿色发展规划》，该规划提出“三加强、一打造”重点任务，即“加强农业资源保护利用，加强农业面源污染防治，加强农业生态保护修复，打造绿色低碳农业产业链”，为农业下一步实现碳中和提供了有力指导。

在农业领域的具体措施方面，2005 年国家启动了测土配方施肥试点，通过指导农户科学施肥，减少化肥的过量施用。2015 年，农业部出台《到 2020 年化肥使用量零增长行动方案》，标志着中国化肥政策改革的全面开启，该目标到 2017 年年底已基本实现。

在畜禽粪污资源化利用和秸秆综合利用方面，2008 年颁布了《中华人民共和国循环经济促进法》，明确提出“对农作物秸秆、畜禽粪便、农产品加工业副产品、废农用薄膜等进行综合利用，开发利用沼气等生物质能源”。

在农业环境法方面，为了防治畜禽养殖污染，推进畜禽养殖废弃物的综合利用和无害化处理，国务院于 2013 年颁布了《畜禽规模养殖污染防治条例》。该条例规定了一系列扶持和鼓励措施，包括对废弃物利用予以税收优惠并享受农用电价格，利用废弃物进行沼气生产和发电均享受新能源优惠等内容。

在农业农村固碳减排技术方面，2021 年 11 月，中国农业农村科技发展高峰论坛暨中国现代农业发展论坛发布会上，农业农村部农业生态与资源保护总站发布了农业农村减排固碳十大技术模式，这是首次以减排固碳为主题发布的农业农村领域相关技术模式。2022 年 7 月，农业农村部、国家发展改革委联合印发了《农业农村减排固碳实施方案》，对推动农业农村减排固碳工作做出系统部署，该方案围绕种植业节能减排、畜牧业减排降碳、渔业减排增汇、农田固碳扩容、农机节能减排、可再生能源替代六大任务，实施稻田甲烷减排、化肥减量增效、畜禽低碳减排、渔业减排增汇、农机绿色节能、农田碳汇提升、秸秆综合利用、可再生能源替代、科技创新支撑、监测体系建设十大行动。

在欧盟、美国等国家和地区对甲烷减排作出自愿减排承诺的大背景下，中国政府在甲烷减排方面的鼓励性政策也已在之前国家出台的一些政策中有所体现，从以上的政策回顾中可见一斑。随着政府政策鼓励、投入和补贴，以及各种甲烷减排技术的研发、改进和实际应用，中国农业生产活动的甲烷排放及温室气体的综合减排和固碳工作也将会有进一步的体现。不过，作为人口大国，农业生产的排放属于生存性排放，中国今后在应对气候变化的减排行动方面还任重道远，在资金、技术、碎片化地块实施等层面还面临许多新的挑战，未来还有很多工作需要不断完善。

99. 农业甲烷减排与适应气候变化相矛盾吗？

积极应对气候变化已然成为国际共识，在农业生产活动减排甲烷的行动中，需要同步考虑适应气候变化，做到减缓与适应兼顾，以尽可能减小气候变化对农业生产的影响。

气候变化的主要特征包括大气二氧化碳浓度升高、气温升高、降水格局变化及极端气候事件的强度和频率增加，包括高温、干旱、洪涝等。因此，在考虑减排稻田甲烷排放及畜禽养殖系统的甲烷排放过程中，需要同时积极采取一些适应气候变化的策略，如培育耐高温、抗性强的品种，以应对可能的极端气候，增强不同天气状况下的生产韧性；水稻生产中要建设好灌排沟渠，在遭遇干旱或洪涝时便于尽快采取相应措施减灾。

100. 在推广甲烷减排技术过程中，如何有效促进技术的实际应用？

在甲烷减排技术推广方面，需要提前做好顶层设计并先进行小范围示范；在经济效益方面进行提前评估，让种植户或养殖户切实看到减排的经济效益，使农民获益。这样方可调动农民减排的积极性，使技术尽快落地、落实。

此外，由于传统农业生产的周期长，受自然条件、灾害性天气、病虫害等的影响较大，而且回报率低，一些减排技术还在应用和推广的初期，需要国家和地方政府给予农民适当的补贴与引导，提高农民采取减排措施的积极性，做到农业生产与温室气体减排兼顾，实现经济与生态环境“双赢”。